西安交通大學 本科"十二五"规划教材

MATLAB软件与基础数学实验

（第2版）

主编 李换琴 朱 旭

编者 王勇茂 籍万新

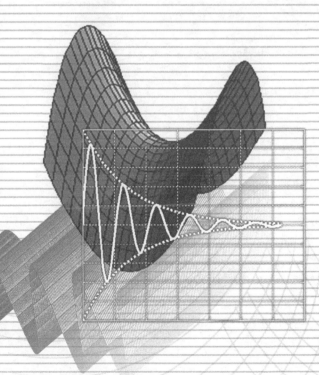

U0282753

西安交通大学出版社
XI'AN JIAOTONG UNIVERSITY PRESS

图书在版编目(CIP)数据

MATLAB 软件与基础数学实验/李换琴,朱旭主编.
—2 版. —西安:西安交通大学出版社,2015.1(2022.2 重印)
ISBN 978 - 7 - 5605 - 6970 - 3

Ⅰ. ①M⋯ Ⅱ. ①李⋯ ②朱⋯ Ⅲ. ①Matlab 软件-应
用-高等数学-实验 Ⅳ. ①O13 - 33

中国版本图书馆 CIP 数据核字(2014)第 307191 号

书　　名	MATLAB 软件与基础数学实验(第 2 版)
主　　编	李换琴　朱　旭
责任编辑	田　华

出版发行　西安交通大学出版社
　　　　　　(西安市兴庆南路 1 号　邮政编码 710048)
网　　址　http://www.xjtupress.com
电　　话　(029)82668357　82667874(发行中心)
　　　　　　(029)82668315(总编办)
传　　真　(029)82668280
印　　刷　西安日报社印务中心

开　　本　727mm×960mm　1/16　**印张** 14.5　**字数** 249 千字
版次印次　2015 年 2 月第 2 版　2022 年 2 月第 11 次印刷
书　　号　ISBN 978 - 7 - 5605 - 6970 - 3
定　　价　22.00 元

读者购书、书店添货,如发现印装质量问题,请与本社发行中心联系、调换。
订购热线:(029)82665248　(029)82665249
投稿热线:(029)82664954
读者信箱:jdlgy@yahoo.cn

第 2 版　前　言

本书第 1 版自 2008 年出版以来,在西安交通大学本科一年级使用。本教材立足于初学者,通俗易懂,易教易学,许多高校选用其作为教材或教学参考书,在数学实验人才培养中起到了重要作用。本教材获得了西安交通大学第十二届优秀教材二等奖。

在过去 6 年的使用中,不少专家、教师和学生提出了许多建议和希望,根据当前"数学实验"课程教学的发展和需要,有必要在第 1 版的基础上对教材进行修订,进一步完善和提升,并适当增加一些内容。

本次修订得到了西安交通大学教改项目"本科生十二五规划教材编写"的鼎力支持。第 2 版仍继承第 1 版从易到难、深入浅出,讲解详尽的特点,并在以下几个方面进行了修订。

第一,针对"线性代数与几何"课程对实验的要求,增加了线性代数实验(实验11),介绍了 MATLAB 中常用的一些线性代数运算命令,并举例说明如何利用线性代数知识及相关命令解决一些实际问题。

第二,对每个实验的练习题进行了整合、修改和增加,较多的练习题使得教师可以根据不同要求、不同学生布置不同的题目。

第三,对实验 2 进行了内容的补充和完善,增加了 2.1.3 和 2.1.4。

第四,对实验 3、4 的部分内容进行了整合,并增加了"MATLAB 函数文件"一节。

第五,在实验 10 中,增加了 0-1 规划问题。

第六,对第 1 版中的一些错误进行了更正。

第七,本次修订,MATLAB 软件采用 7.0 版本。

本次修订工作由西安交通大学李换琴负责,参与修订工作的还有朱旭、王勇茂、籍万新,其中实验 11 由王勇茂负责编写。限于编者水平有限,书中难免存在不妥之处,敬请读者批评指正。

西安交通大学数学与统计学院的张芳、吴云江、齐雪林等对本书第 1 版提出了许多修改意见,谨在此对他们表示由衷的感谢。本书的责任编辑田华对书稿进行了认真细致的加工,并提出了不少改进意见,编者对他们表示诚挚的谢意。

本书可为教学提供课件,如有需要,请联系李换琴教授,电子邮箱:hqlee@mail. xjtu. edu. cn。

编　者

2014 年 9 月

前　言

随着数学科学和计算机技术的飞速发展与广泛应用，综合利用数学知识建立数学模型、进行科学计算，研究和揭示自然科学发展中的变化规律，解决工程领域中的实际问题，已成为科学研究的一种重要方法。数学作为科学知识的基础学科，它遍及科学研究和工程技术的各个领域，是几乎所有大学生必修的一门基础课。对大学生来讲，在学习数学理论知识的同时，学习探究知识、解决问题的思想方法，将理论知识与实际应用相结合，培养进行科学研究的意识，锻炼自主解决问题的能力，开启自身的创新思维，是一件非常重要的事情。正是在这样的背景下，许多高校对数学的教学内容和课程体系进行了一系列的改革，相继开设了数学实验和数学建模课程。

数学实验就是依托现代计算机技术和数学软件平台，综合应用所学过的数学和其它科学的知识，使学生经历从建立实际问题的数学模型，选择适当数学方法进行数值计算和数值分析，检验所得到的数值结果的正确性，到修改和完善数学方法和数学模型，重新进行计算分析和检验的全过程，培养和提高学生分析问题，解决实际问题的能力。数学实验是数学教学过程中重要的实践性环节，它对激发学习数学的兴趣，体会数学理论和方法的重要性，培养开拓创新精神，均有积极的作用。

由于一年级本科生基本上没有接触过数学实验和计算机编程，因此，要在一年级大学生中开设这门课程，就需要一本起点低、内容较为全面系统的入门教材。基于这样的认识，我们编写了本书。

作为数学实验和数学建模的入门教材，本书起点设计为"从零开始"，逐步引向深入，适用于理、工、管、经等各个专业的学生。它可以配合一年级学生在数学理论课教学过程中同步穿插进行。

数学实验是依托相应的数学软件来完成，因此了解并掌握一种数学软件是非常必要的，本书选用 MATLAB 软件(6.5 版)作为实验平台。全书内容分为三个部分：第一部分包含两个实验(实验 1、2)，详细介绍了 MATLAB 软件的部分基本命令和绘图命令以及它们的使用方法，可以安排 2 至 4 个学时学习；第二部分包含两个实验(实验 3、4)，详细介绍了 MATLAB 软件编程的主要命令结构和语法规则，并给出了具体的编程实例，可以安排 4 个学时学习；第三部分则是结合高等数学、线性代数等基本知识，从六个简单实际问题出发编写了六个实验(实验 5～10)，对每个问题分别进行分析、建模，给出了较为详尽的求解分析过程、实验程序和上机实验结果。这六个实验相对独立,可自主筛选,每个实验可讲授两学时,上机练习两小时。

本书内容从易到难,深入浅出,讲解详尽,只要读者具有微积分和线性代数的基本知识就可读懂。因此,适合大学本科一年级学生在数学课程学习过程中同步进行学习,也可以在学完高等数学和线性代数以后进行学习。只要读者具有微积分和线性代数的基本知识就可读懂,因此,教师要少讲精讲,重点引导;学生要多练勤练,重视上机实践,积极钻研、掌握基本原理和方法。为了便于学习,书中列举了较多实例;每个实验之后,留有相关的上机练习题,供学生们上机练习,并且配有两个综合练习题,可作为课程期中或期末测试使用;书后附有 MATLAB 软件使用常见问题解答、常用的函数命令集和实验报告的要求。工科数学教学基地网站(ht-tp://imb.xjtu.edu.cn),登录查看相关教学资料和信息。

本书编写过程中得到了西安交通大学教务处、西安交通大学出版社的大力支持和资助,西安交通大学国家工科数学基地王绵森教授对本书提出了许多宝贵的意见,作者在此表示衷心的感谢。

本书作者均是西安交通大学理学院长期从事数学实验教学的教师,实验 1 至实验 9 由朱旭负责编写,实验 10 由李换琴负责编写,籍万新负责全书的统编、校对、附录编写和书中所有程序的调试。该书在正式出版之前作为西安交通大学数学实验课程的校内讲义已使用两年,学生反映效果良好,但由于作者水平有限,书中难免有不当之处,欢迎读者批评指正。

编　者
2008 年 5 月

目　录

第一篇　MATLAB 软件介绍与实验

第一篇 MATLAB 软件介绍与实验

概　述

　　MATLAB 是建立在向量、数组和矩阵基础上的一种分析和仿真工具软件包，集数学运算、图形处理和程序设计为一体，包含处理各类问题的"工具箱"。如数学方面常用的矩阵代数运算、方程求根、优化计算、统计分析、神经网络以及函数的求导、积分、泰勒展开等符号运算。矩阵是 MATLAB 的核心，MATLAB 中的所有数据都以矩阵形式存贮。数量(标量)可看成是 1×1 的矩阵。同时，MATLAB 具有类似于其它计算机语言的编程特性；还可绘制二维、三维图形，使输出结果可视化。对于这些特性和功能，MATLAB 提供了大量的命令函数，使用方便有效。正是因为实现了矩阵数据结构、编程特色及方便绘图三方面的有机结合，使得 MATLAB 成为一个强有力的工具，适用于解决众多领域的问题。目前，MATLAB 已成为工程领域中较常用的软件工具包之一。

　　本书将对 MATLAB 一些简单常用的主要功能、命令进行讲解，给出部分示例，并作出适当的总结，配备适量的练习供同学们自行实验。对于 MATLAB 有关"工具箱"的使用，以及具有专门功能的命令，本书都未涉及，将来需要使用时，读者可以参阅有关专门介绍 MATLAB 使用的书籍，自行学习使用。书中使用的或总结出的部分 MATLAB 命令函数，有关它们的进一步信息请大家参阅其它相关资料，或使用在线帮助。

　　MATLAB 有非常强大的功能和灵活使用方法，作为入门，为易于学习，我们以算例方式叙述，读者可以根据算例和文字解释，对 MATLAB 的使用方法有一个良好的初始感受。

字体符号约定

为了表述简洁,本书字体使用下列约定:

黑体　　　　　　重要术语、函数命令和提示等。

▶ 输入字符　"▶"符号后为用户输入的语句、命令等。**注意:"▶"无须输入。**

◀ *显示字符*　"◀"符号后为显示程序的运行结果、过程信息等,字体为斜体。

％ 说明字符　专有名词、数学记号以及各种语句的解释说明等,字体为楷体。

实验 1

MATLAB 基本特性与基本运算

1.1 MATLAB 基本特性

MATLAB 主要工作窗口如下。

命令窗口:用于输入命令和数据。

编辑窗口:用于建立和编辑 M 文件。

图形窗口:用于显示图形。

当 MATLAB 软件安装完成后,直接点击 Windows 桌面上的 MATLAB 图标,就可打开 MATLAB 的命令窗口(Command Window),如图 1.1 所示。

图 1.1　MATLAB 命令窗口

点击命令窗口左上角图标 File 下拉菜单 New/M－file,就可以打开编辑窗口(Editor),如图 1.2 所示。

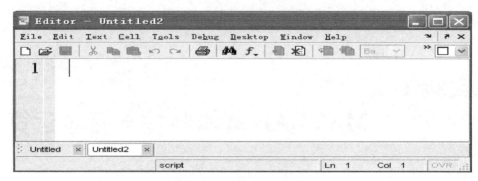

图 1.2　MATLAB 编辑窗口

如果程序或者命令要求画图，将自动打开图形窗口，如图 1.3 所示。

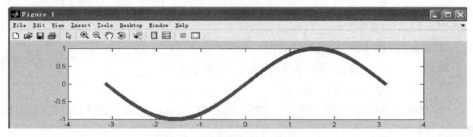

图 1.3　MATLAB 图形窗口

命令窗口(Command Window)

命令窗口是用户与 **MATLAB** 进行交互的主要场所，用户可以使用软件提供的各种命令进行简单运算、查询、绘图等；同时，显示各种命令的运行结果和过程信息。操作方法是，键入一条命令后，按下[**Enter**]键，该命令就会被执行并给出结果。

例如

$>> 78-45$

计算机将显示下列结果：

ans =

　　33

这里，**ans** 是计算机自动分配给结果的一个变量名，你可以利用 **ans** 继续进行运算：

$>> a= \textbf{ans}*3+8$

则有结果

a =

107

这里,a＝ ans＊3＋8 称为赋值语句,表示将等式右端的计算结果赋值给变量 a,即 a＝ 33＊3＋8＝107。

注意:如果你没有将计算结果赋值给一个确定的变量名,MATLAB 就会将结果存储在变量 ans 中。

练习 1-1　请在命令窗口键入下列指令,观察其结果,体会每条指令的含义。

A＝[1,2,3;2,3,4;1,2,1];

a＝[2 2 2;4 2 1]

A

a＊A

b＝a＊A

A－1

c＝zeros(3,2)

d＝rand(3,3)

e＝d(2,:)

编辑窗口(Editor\Debugger Window)

编辑窗口是专门提供给用户进行编写 MATLAB 程序的区域。用户在编辑窗口中可以进行程序的输入、编辑和保存。

运行程序有两种方式:点击编辑窗口"Debug"下拉菜单"Run",或者在命令窗口输入保存的文件名,就可以在命令窗口看到运行结果。

注意:(1)在编辑窗口写完程序或者修改完程序务必保存,保存时文件名不能以数字开头。

(2)文件一般默认保存在安装 MATLAB 时产生的 MATLAB 文件夹中的 work 文件夹中,如果不会修改路径的话,建议使用默认方式,以免运行程序时计算机找不到文件。

练习 1-2　在编辑窗口键入下列指令,保存,并运行程序,观察图形结果;你能否修改程序画出 $y = \cos x$ 的图形。

x＝－5:0.1:5;

y＝sin(x);

plot(x,y)

1.1.1　数值和变量

MATLAB 的数值(常数)用十进制来表示,亦可用科学记数法来表示一个数。以下都是合法的 MATLAB 数值:8,－30,0.01,4.5e5,1.2e－2,其中 4.5e5 表示 4.5×10^{5},1.2e－2 表示 1.2×10^{-2}。另外,MATLAB 还提供了复数的表达和运算功能。

MATLAB 的变量是以矩阵或数组方式存储的,每个变量通常赋予一个变量名,它将对应的值存储在计算机内存中的相应单元中。

MATLAB 对**变量名规定如下**:

(1) 变量名由字母打头,之后由字母、数字或下划线组成,字符间不可留空格,不能有标点符号和运算符号;

(2) 变量名中的字母大小写是有区别的,表示不同的变量;

(3) 变量名最多不超过 19 个字符,超出部分将被忽略。

变量名可通过等号进行赋值,例如指令 a=2 表示将数值 2 赋值给变量名 a。为了表述简洁,我们使用符号"▶"和"◀"分别表示"输入字符"和"输出字符"。"▶"符号后为用户输入的语句、命令等。"◀"符号后为指令或程序的运行结果。**注意:"▶"无须输入。**

例 1 - 1　　▶ a=2,A=3;c=−5

　　　　　　　◀ a=2

　　　　　　　　c=−5

可以看出:例 1 - 1 实现了将数值 2 赋值给变量名 a,并显示结果;将数值 3 赋值给变量名 A,不需显示结果,将−5 赋值给变量 c,显示结果。

虽然变量 A 未在屏幕上显示,但是 A 已经赋值为 3,可以通过键入变量名查询其值:

　　▶ A

　　◀ A=3

[说明]

(1)多条指令可以写在一行,指令之间以逗号或分号隔开,一行中最后一条指令后面可以没有标点符号。

(2)指令后为逗号或无标点符号,该指令执行结果被显示在屏幕上。

(3)指令后为分号";",作用是将计算结果存入内存,但不显示在屏幕上。

(4) MATLAB 务必在英文状态下输入,中文状态下输入的标点符号将被认为是错误指令。

MATLAB 中**变量**常用的有以下几种类型:

单值变量,如:

$$a=1; ab=2; Ab=3; \cdots$$

矩阵变量,如:

$$x=[1,3,5,−2,−3]; \cdots$$

这里 x 为一行向量,其 5 个分量 x(1),x(2),x(3),x(4),x(5)分别对应 5 个数值。

$$A=[1,2,3;4,5,6]; \cdots$$

这里 A 为 2×3 的矩阵，A(i,j)为 A 中第 i 行、第 j 列上的元素。

复数变量，如：

$$c = 2+3*i \;\; ; d=6-sqrt(-2) \;\; ; \cdots$$

其中 i 为**虚数单位**，即 i = sqrt(-1)，**sqrt** 为开方命令。

字符(串)变量，如：

$$s = \text{'}a\text{'} \;\; ; S=\text{'}abCD\text{'} \;\; ; \cdots$$

除了用户自己定义的变量外，MATLAB 还提供了几个**特殊变量**，如表 1-1 所示。每当 MATLAB 启动，这些特殊变量就被产生。用户在编写程序时，尽可能不要对这些特殊变量重新赋值，以免产生混淆。

表 1-1　MATLAB 的特殊变量

特殊变量	含　义
ans	如果用户未定义变量名，系统用于存储计算结果
pi	圆周率(π=3.1415926$\cdots$)
inf	无穷大∞值，如 1/0
eps	浮点数的精度，也是系统运算时计算机的最小值
NaN 或 nan	不定量(非数)，如 0/0-或 inf/inf
i 或 j	虚数 i=j=sqrt(-1)

例 1-2　▶ a=pi

　　　　　◀ *a=3.1416*

这里 π 显示了四位小数，如果需要显示更多位小数，则在命令窗口键入

　　▶ format long

　　▶ pi

　　ans = 3.14159265358979

若要继续显示四位小数，则键入

　　▶ format short

这里，format 是控制数据显示格式的指令，具体格式类型和运用方法如表1-2所示。

表 1 - 2　数据显示格式的控制命令

指令	含义	举例
format/ format short	默认格式,小数点后四位有效数字,最多不超过七位; 对于大于 1000 的实数,用 5 位有效科学记数形式显示	3. 1416;3141. 59 被 显示为3.1416e+003
format long	15 位数字表示	3.14159265358979
format short e	5 位科学记数表示	3.1416e+000
format long e	15 位科学记数表示	3.141592653589793e +000
format short g	从 format short 和 format short e 自动选择最佳方式	3.1416
format long g	从 format long 和 format long e 自动选择最佳方式	3.14159265358979

练习 1 - 3　输入下列指令,观察结果,体会每条指令的作用:

▶ a＝3 * pi,b＝78－3,c＝sin(pi/3)

▶ whos

▶ clc

▶ a,b,c

▶ clear

▶ a

[**说明**]

(1) 与一般程序设计语言不同,使用 MATLAB 的变量无需进行变量声明。当系统遇到一个新变量名时,它会自动生成变量,并指定合适的存储空间。如果该变量早已存在,系统会自动更新内容,在必要情况下它还会指定新的存储空间。

(2) 在 MATLAB 中,如希望得知变量当前的数值,只需直接输入变量名后回车即可。

(3) 当工作在命令窗口时,可用 whos 来查看当前工作区的变量和详细信息。

(4) 使用 clear 命令可删除所有定义过的变量,如果只是要去除其中的某几个变量,则应在 clear 后面指明要删除的变量名称。

(5) 在命令窗口可使用↑、↓键搜索以前使用过的命令,用←、→移动光标修改命令,重新执行;可用 clc 命令清除窗口(不清除内存中变量)。

1.1.2　运算符

MATLAB 的运算符分为五大类:算术运算符、关系运算符、逻辑运算符、位运算符和集合运算符。表 1 - 3 列出了算术运算符、关系运算符和逻辑运算符。有关它们的使用,将在后面的应用中详细介绍。

表 1-3　MATLAB 的基本运算符

类别	运算符	含义
算术运算符	+	加
	-	减
	*	矩阵乘
	.*	数组乘
	^	矩阵幂
	.^	数组幂
	\	矩阵左除
	.\	数组左除
	/	矩阵右除
	./	数组右除
关系运算符	<	小于
	<=	小于或等于
	>	大于
	>=	大于或等于
	==	等于
	~=	不等于
逻辑运算符	&	与
	|	或
	~	非

1.1.3　标点

在 MATLAB 中一些标点符号也被赋予特殊的意义,或表示要进行一定的运算,如表 1-4 所示。

表 1-4　MATLAB 的标点

运算符	名称	含义
:	冒号	有多种运算功能,用于定义行向量、截取指定矩阵中的部分
=	等号	赋值
;	分号	分隔矩阵行、屏蔽显示等
.	小数点	域访问等
%	百分号	注释语句
…	续行符号	续行
,	逗号	分隔矩阵列、函数参数等
'	单引号	矩阵转置运算、复数的共轭值、字符串定义符等
!	感叹号	在 MATLAB 中调用操作系统命令
[ ]	方括号	创建和表示矩阵
( )	圆括号	函数调用和指定运算顺序
{ }	大括号	构成单元数组等

1.1.4　常用函数

例 1-3　计算 $\left[\sqrt{2}-7\sin(\frac{\pi}{3})+12\right]\div 5^2$ 的值。

▶ (sqrt(2)−7 * sin(pi/3)+12)/5^2

◀ *ans = 0.2941*

上述表达式中 sqrt(2) 是求 2 的平方根。MATLAB 提供了各种各样功能丰富的函数,用户可以调用这些函数来进行数据处理。函数由函数名和参数组成,函数调用格式为:

函数名(参数)

例如,在命令窗口输入命令:a=sin(b),表示计算 b 的正弦值并赋给变量 a。

表 1-5 给出了部分常用函数。我们可以利用 help 命令查询函数,了解其功能及使用方法。有关函数的更多信息可参考附录 2:MATLAB 主要函数命令一览。

表 1-5　常用函数

函数	含　义
abs(x)	求 x 的绝对值、复数 x 的模,或求字符 x 的 ascii 码
sqrt(x)	求 x 的平方根
exp(x)	指数运算:e^x
sin(x)	求 x 的正弦值
asin(x)	求 x 的反正弦值
cos(x)	求 x 的余弦值
acos(x)	求 x 的反余弦值
tan(x)	求 x 的正切
atan(x)	求 x 的反正切
log(x)	求以 e 为底的对数,即自然对数
log10(x)	求以 10 为底的对数
log2(x)	求以 2 为底的对数
vpa(x,n)	显示实数 x,整数部分同小数部分共显示 n 位
round(x)、fix(x)	x 的四舍五入取整、向 0 取整
ceil(x)、floor(x)	x 的向右、向左取整
gcd(x,y)、lcm(x,y)	求整数 x 和 y 的最大公约数、最小公倍数
mod(x,y)	求 x/y 的余数
imag(x)、real(x)	取出复数 x 的虚部、实部
angle(x)	取出复数 x 的相角
conj(x)	求复数 x 的共轭
find	寻找、搜索
sort	数组元素按从小到大进行排序
norm	求向量的模或矩阵的范数
sum	数组元素求和
roots	求多项式方程的根
axis	设置坐标轴

练习 1-4　输入下列指令,观察结果,体会每条指令的意义。

▶ a=32.87;b=12.45;c=round(a),d=fix(a),e=round(b),f=fix(b)

▶ A＝a＋i＊b

▶ B＝ real(A),C＝ imag(A),D＝ conj(A)

▶ ab＝[4,6,2,9,0,−4],ab1＝ sort(ab)

[说明]

(1) 函数均为英文小写字母,使用时一定是出现在等号的右边。

(2) 每个函数对其自变量的个数和格式都有一定的要求,如使用三角函数时角度的单位是"弧度"而不是"度",例如:sin(1)表示的不是 sin1°,而是sin57.28578°。

(3) 函数允许嵌套,例如:可使用形如 **sqrt(abs(sin(225 ∗ pi/180)))** 的形式。

1.1.5　语句

MATLAB 是命令行式的表达式语言,每一个命令行就是一条语句,其格式与书写的数学表达式十分相近。用户在命令窗口输入语句并按下回车后,该语句就由系统解释运行,并立刻给出运行结果。MATLAB 的语句形式一般为:

表达式　或　变量＝表达式

表达式是用运算符把数值、变量名、函数和括号连接起来的运算式。它的运算次序遵循如下规则:表达式从左到右执行,幂运算最优先,其次是乘法和除法,最后是加法和减法。括号可用来改变运算优先次序,所有括号均用小括号,由最内层括号向外执行。

例 1 − 4　求$[12+2×(7−4)]÷3^2$的算术运算结果。

▶ (12＋2 ∗ (7−4))/3^2

◀ *ans ＝ 2*

例 1 − 5　计算 5!,并把运算结果赋给变量 y。

▶ y＝5 ∗ 4 ∗ 3 ∗ 2 ∗ 1

◀ *y ＝120*

MATLAB 中百分号"**％**"表明注释开始,其后的所有文字为注释内容,但不能续行。

例 1 − 6　设 $a＝−24°$, $b＝75°$,计算 $\dfrac{\sin(|a|+|b|)}{\sqrt{\tan(|a+b|)}}$ 的值。

▶ a＝pi/180 ∗ (−24);　　　　　　　　％转换为弧度值且不显示

▶ b＝pi/180 ∗ 75;　　　　　　　　　％转换为弧度值且不显示

▶ z＝sin(abs(a)＋abs(b))/sqrt(tan(abs(a＋b))) ％计算结果并显示

◀ *z ＝0.8888*

例 1-7　设三角形三边长为 $a=4, b=3, c=2$ ，求此三角形的面积。

分析：已知三边长，可用海伦公式计算面积

$$A = \sqrt{s(s-a)(s-b)(s-c)}, \text{其中 } s = \frac{a+b+c}{2}。$$

▶ a＝4；b＝3；c＝2；　　　　　　　　　%输入各边长值且不显示

▶ s＝(a＋b＋c)/2；

▶ A＝s＊(s－a)＊(s－b)＊(s－c)；　　　%计算面积平方且不显示

▶ A＝sqrt(A)　　　　　　　　　　　　%计算面积并显示

◀ *A = 2.9047*

练习 1-5　利用 MATLAB 求解下列问题。

1. 求解方程 $ax^2+bx+c=0$ 的根。其中

(1)$a=1, b=2, c=3$　　(2)$a=1, b=-2, c=-3$

(**提示**：运用求根公式。结果为(1)$x_{1,2}=-1\pm1.41421$,(2) $x_{1,2}=-1, 3$)

2. 已知圆的半径为 15，求圆的周长和面积。

1.1.6　在线帮助及功能演示

MATLAB 软件提供了很多命令，很难全部记住，当然也无必要。为了帮助用户找到和了解相关命令，MATLAB 软件提供了两种形式的在线帮助功能：**help** 命令和 **lookfor** 命令，以及 MATLAB 软件演示系统 **MATLAB Demos**。

help 命令

如果用户知道要寻求帮助的关键词，那么使用 **help＋关键词**可以方便地获取相关信息。比如，在命令窗口键入：help　sqrt 按【Enter】键，命令窗口屏幕就会有如下信息：

　　　　SQRT　　Square root.

　　　　　　　　SQRT(X) is the square root of the elements of X. Complex results are produced if X is not positive.

　　　　　　　　See also SQRTM.

Overloaded functions or methods (ones with the same name in other directories)

help sym/sqrt. m

Reference page in Help browser

doc sqrt

　　上述信息是对命令 sqrt 的一个解释说明。对于一个命令，如果 MATLAB 软件中不存在，同样给出提示。例如

　　　　▶ **help play**

　　　　◀ *play. m not found.*

　　注意：在上面**sqrt** 例子中，帮助文本中的**SQRT** 是大写的，这仅仅是为了方便阅读，使用时应以小写字母调用，否则，MATLAB 认为是未知命令并给出提示：

　　　　▶ **SQRT(2)**

　　　　◀ *Capitalized internal function SQRT；Caps Lock may be on.*

lookfor 命令

　　当你不能确定主题的拼写或是否存在时，使用 **lookfor＋关键词**，通过搜索所有 MATLAB 的函数，寻找出包含**关键词**的命令，供用户了解相关信息。比如，想了解 MATLAB 中关于复数**complex** 的相关命令，只要输入 **lookfor complex** 回车即可：

　　　　▶ **lookfor complex**

　　◀ *CONJ　　　　Complex conjugate.*

　　　CPLXPAIR　Sort numbers into complex conjugate pairs.

　　　IMAG　　　　Complex imaginary part.

　　　REAL　　　　Complex real part.

　　　CPLXGRID　Polar coordinate complex grid.

MATLAB Demos 系统

　　MATLAB 提供了系统演示功能，可以帮助你了解 MATLAB 软件各项功能的使用情况。只要你在**命令窗口中输入 demo** 回车，MATLAB 将出现一个演示系统窗口，如图 1.4 所示。此时按照其中操作说明进行选择操作，点击左端列表中相关条目前的"＋"，即可展示可供演示的各项功能。

图 1.4　MATLAB Demos 系统界面

1.2　MATLAB 中数组及矩阵运算

1.2.1　向量和矩阵的建立

MATLAB 以一种直观方式处理向量和矩阵,创建向量和矩阵有直接输入、命令生成、利用函数创建等多种方式。

1. 直接输入方式

直接输入创建矩阵时应遵循以下原则:

(1) 所有元素用中括号"[ ]"括起来;

(2) 同行的不同元素之间用空格或逗号","分隔;

(3) 行与行之间用分号";"或回车符分隔;

(4) 元素可以是数值、变量、函数、表达式。

例 1-8

▶ x=[1,3+4,2,4,sqrt(5),8,7,−6]　　　％生成行向量 x

◀ $x=$

1.0000　　7.0000　　2.0000　　4.0000　　2.2361　　8.0000　7.0000
−6.0000

▶ y=[x(1),x(3),x(5)]　　　％由向量 x 的第 1、3、5 个分量组成的向量

◀ $y=$

1.0000　　　2.0000　　　2.2361

▶ a=[1,2,3;4,5,6;7,8,9]　　％ a 为 3×3 的方阵,其中";"为换行标志

◀ $a=1$　　　2　　　3

4　　　5　　　6

7　　　8　　　9

2. 命令生成方式

在 MATLAB 中,仅有一行或一列的矩阵称为向量。向量是矩阵的一种特例,MATLAB 提供了两种方法创建向量。

(1)利用冒号":"运算符生成向量。

冒号":"运算用于生成等步长(均匀等分)的行向量。其语句格式如下:

$$a=m:p:n$$

其中:m、n、p 为标量(数量),分别代表向量的初值、终值和步长,且 n>m。p 为 1 时可缺省。

例 1 - 9

▶ b=1:10　　％生成 1 到 10 步长为 1 的行向量,并赋值给变量 b
◀ b=
　　1　2　3　4　5　6　7　8　9　10
▶ x=(0:0.1:1)*pi　　％ 从 0 开始以 0.1π 为步长到 pi 结束生成向量 x
◀ x = Columns 1 through 8
　　0　0.3142　0.6283　0.9425　1.2566　1.5708　1.8850
　　2.1991
　　Column 9 through 11
　　2.5133　2.8274　3.1416
▶ t= 5:−1:2
◀ t=5　　4　　3　　2

冒号":"还有很多其它的用法,举例说明如下:

▶ v=t(2:4)　　　％　将 t 的第 2 个元素至第 4 个元素组成的向量赋值给 v
◀ v=4 3 2
▶ a=[1 2 3;4 5 6;7 8 9]
▶ a(1:2,2:3)　　　　　％　a 的第 1 行至第 2 行,第 2 列至第 3 列的元素
◀ ans = 　2　　3
　　　　　　5　　6
▶ a(1:2, :)　　　　　　％　a 的第 1 行至第 2 行,所有列的元素
◀ ans =1　　2　　3
　　　　　　4　　5　　6
▶ a(:,2:3)　　　　　　％　a 的所有行,第 2 列至第 3 列的元素
▶ a(:,1)　　　　　　　％　a 的(所有行)第 1 列元素
▶ a(2 ,:)　　　　　　　％　a 的第 2 行元素(所有列)

(2) 利用 **linspace()** 函数生成向量。

linspace()函数用于生成线性等分向量,其运算规则与冒号运算十分相似,所不同的是该函数除了要给出向量的初值、终值以外,不需要给出步长值,而是给出向量元素的个数,其调用格式如下:

linspace(a,b,n)

结果是将[a,b]等分成 n−1 段,返回由端点及分段点坐标所产生的 n 个元素的行向量。

例 1 - 10

▶ x=linspace(0,pi,11)　　％ 从 0 开始到 pi 等距产生 11 个元素的行向量 x

◀ x = Columns 1 through 8

　0　　0.3142　　0.6283　　0.9425　　1.2566　　1.5708　　1.8850

　2.1991

　Column 9 through 11

　2.5133　　2.8274　　3.1416

(3)利用其它命令生成矩阵或向量。

练习 1-6　在命令窗口逐条输入下列指令,查看结果,结合其注释说明,体会语句的意义。

▶ x=10:-2:-5

▶ y=x+3

▶ x(6:-2:1)　　　　　　　% x的第6、第4、第2个元素

◀ ans = 0　4　8

这里 6:-2:1 意指从第6个元素开始,以-2为步长递减到第1个元素(这里1取不到)。

▶ x([2　3　8　2])　　　% x的第2、第3、第8、第2个元素

◀ ans = 8　　6　　-4　　8

这里数组[2　3　8　2]为下标数组,分别取出 x 中对应的元素。

▶ a=[1 2 3;6 5 4;7 7 1];

▶ b=sqrt(a)　　　　　　% 将 a 的每一个元素开方后赋给方阵 b

◀ b = 　1.0000　　1.4142　　1.7321

　　　　2.4495　　2.2361　　2.0000

　　　　2.6458　　2.6458　　1.0000

▶ c=[a,b]　　　　　　% 矩阵的拼接,在 a 后面拼接上 b 再赋给 c

◀ c = 1.0000　　2.0000　　3.0000　　1.0000　　1.4142　　1.7321

　　　6.0000　　5.0000　　4.0000　　2.4495　　2.2361　　2.0000

　　　7.0000　　7.0000　　1.0000　　2.6458　　2.6458　　1.0000

▶ [i,j]=find(a>5)　　　%返回 a 中大于5的元素的行标数组 i 和列标数组 j

◀ i = 　2

　　　　3

　　　　3

　 j = 　1

　　　　1

　　　　2

这里 find 为 MATLAB 的一命令函数,其功能是以列序方式按条件进行搜索。结果表明,矩阵 a 中元素 a(2,1),a(3,1),a(3,2)满足大于 5 的条件。

例 1-11　显示上例中矩阵 **a** 的第 2 行第 3 列元素,并对其进行修改。

a(2,3)表示第 2 行,第 3 列元素,显示只要输入下列语句:

▶　　a(2,3)

◀　　a(2,3) = 4

若想把该元素改为 -1,只要输入下列语句:

▶　　**a**(2,3)= -1

按[Enter]键后,即得到修改后的矩阵 **a** 的显示。

◀　a=1　　　2　　　　3
　　　6　　　5　　　-1
　　　7　　　7　　　　1

若想继续对 **A** 的第 2 行变号,只要重新定义第 2 行元素 a(2,:)= -a(2,:)即可。

◀　a(2,:)= -a(2,:)

▶　a=　1　　　　2　　　3
　　　-6　　　-5　　　1
　　　7　　　　7　　　1

[说明]

在向量和矩阵的使用中,下列语句经常用到。

A(i,j)　　　　　　表示矩阵 A 的第 i 行第 j 列的元素;

A(i,:)　　　　　　表示矩阵 A 的第 i 行所有列元素组成的行向量;

A(:,j)　　　　　　表示矩阵 A 的第 j 列所有行元素组成的列向量;

[m,n]=size(A)　表示矩阵的大小,返回结果为矩阵的行数 m 与列数 n;

length(b)　　　　表示向量的长度,返回向量 b 中所含元素的个数。

3. 利用函数创建方式

对于一些特殊矩阵,可以利用 MATLAB 的内部函数创建,表 1-6 给出了常用的特殊矩阵函数。

表 1-6　特殊矩阵函数

函数名	含　义
[ ]	空矩阵
eye(n)	n 阶单位矩阵

函数名	含　义
ones(m,n)	元素全部为 1 的 $m \times n$ 矩阵
rand(m,n)	元素服从 0 到 1 之间均匀分布的 $m \times n$ 随机矩阵
randn(m,n)	元素服从零均值单位方差正态分布的 $m \times n$ 随机矩阵
zeros(m,n)	元素全部为 0 的 $m \times n$ 矩阵
magic(n)	n 阶魔方矩阵

例 1 - 12

▶ z＝[]；　　%z 为一空矩阵,没有元素
▶ z(1)　　　　%访问 z 的第 1 个元素,非法操作出现错误信息
◀ ??? *Index exceeds matrix dimensions.*
▶ rand(2,3)　%生成 2×3 的随机矩阵
◀ *ans =　0.4447　　0.7919　　0.7382*
　　　　　 0.6154　　0.9218　　0.1763
▶ magic(3)　　%生成 3 阶魔方矩阵
◀ *ans =　8　　1　　6*
　　　　　　 3　　5　　7
　　　　　　 4　　9　　2

另外,MATLAB 提供了几种对矩阵进行常用操作的命令函数,如表 1 - 7 所示。

表 1 - 7　矩阵操作函数

函数名称	意　义
flipud(A)	对矩阵 **A** 作上下翻转
fliplr(A)	对矩阵 **A** 作左右翻转
rot90(A)	对矩阵 **A** 作逆时针翻转 90°
diag(A)	提取矩阵 **A** 的对角线元素返回列向量
diag(v)	以向量 **v** 作为对角线元素生成对角矩阵
tril(A)	提取矩阵 **A** 的下三角矩阵
triu(A)	提取矩阵 **A** 的上三角矩阵

1.2.2　矩阵运算

MATLAB 中的数据是以矩阵或数组为基本运算单元,其运算分为**常规**

运算和**点运算**两种形式。矩阵或数组的**常规运算**是依据线性代数的基本理论和运算法则进行运算；而**点运算**是针对矩阵或数组内对应元素之间进行运算。它们运算的指令形式及内涵如表 1－8（其中假设 s 为一常数，A 为方阵，B、C 均为矩阵）所示。

表 1－8　两种运算指令形式和实质内涵的异同表

常规运算	含　义	点运算	含　义
A′	矩阵 A 的共轭转置	A.′	矩阵 A 的转置(不共轭)
B＋C	同型矩阵相加		
B－C	同型矩阵相减		
B＋s	矩阵与标量相加(B 的每个元素加 s)		
B－s	矩阵与标量相减(B 的每个元素减 s)		
B＊C	内维相同矩阵的乘积(矩阵乘法)	B.＊C	同型矩阵中对应元素乘积
s＊A	A 的每个元素乘以数 s		
A/s	A 的每个元素除以数 s		
B/A	A 右除 B ($B*\mathrm{inv}(A)$)	B./C	同型矩阵中对应元素相除
A\B	A 左除 B ($\mathrm{inv}(A)*B$)		
A^n	方阵 A 的 n 次幂	B.^n	B 中每个元素的 n 次幂

1.2.3　矩阵函数

由于线性代数的广泛应用，矩阵计算出现于多种应用场合。事实上，最初开发 MATLAB 软件的目的就是为了化简矩阵和线性代数计算。因此，MATLAB 除了定义了前面所述的矩阵基本运算和常用操作以外，还提供了大量用于求解数值代数问题的矩阵函数，部分矩阵函数如表 1－9 所示。

表 1－9　矩阵函数

函数名称	意　义
det(A)	方阵 A 的行列式
inv(A)	方阵 A 的逆矩阵,要求对应的行列式不为零
cond(A)	方阵 A 的条件数(特征值中最大与最小之比)
d＝eig(A)	方阵 A 的特征值,返回到列向量 d 中
[v,d]＝eig(A)	方阵 A 的特征向量和特征值(v 为特征向量,d 为特征值)

函数名称	意　义
norm(A)	矩阵 A 的范数或向量的模
rank(A)	矩阵 A 的秩
rref(A)	矩阵 A 的行阶梯矩阵
qr(A)	方阵 A 的 QR 正交分解
chol(A)	方阵 A 的考勒斯基(Cholesky)分解
lu(A)	方阵 A 的 LU 分解
trace(A)	方阵 A 的迹(对角线元素之和)

例 1-13　设 $A = \begin{bmatrix} 1 & 2 & 3 \\ 4 & 5 & 6 \\ 1 & 0 & 1 \end{bmatrix}$，$B = \begin{bmatrix} -1 & 2 & 0 \\ 1 & 1 & 3 \\ 2 & 1 & 1 \end{bmatrix}$，计算 $A+B$，AB，$|A|$，A^{-1}，A 的

特征值与特征向量。

▶ A＝[1,2,3;4,5,6;1,0,1];

▶ B＝[-1 2 0;1 1 3;2 1 1];

▶ A＋B

◀ *ans*＝　0　　4　　3

　　　　　5　　6　　9

　　　　　3　　1　　2

▶ A＊B

◀ *ans*＝7　　7　　　9

　　　　13　　19　　21

　　　　　1　　　3　　　1

▶ det（A）　　％ det 为求方阵的行列式命令

◀ *ans* ＝ -6

▶ inv（A）　　％inv 为方阵的求逆命令

◀ *ans* ＝ -0.8333　　0.3333　　　0.5000

　　　　　-0.3333　　0.3333　　-1.0000

　　　　　　　0.8333　　-0.3333　　0.5000

▶ d＝eig(A)　　　　　％ 求方阵 A 的特征值返回到列向量并显示

◀ $d＝$　6.8730

　　　-0.8730

　　　1.0000

▶ [v,d]＝eig(A)　　　％ 求方阵 A 的特征向量和特征值并显示

◀ v＝0.3488　0.8759　　0.0000　　　％ v 的三个列向量即为 A 的特征向量

　　0.9353　-0.1188　-0.8321

　　0.0594　-0.4676　0.5547

　d＝6.8730　　0　　　　0

　0　　　　-0.8730　　0

　0　　　　0　　　1.0000

例 1 - 14　　试求方程组 $\begin{bmatrix} 1 & 2 & 1 \\ 4 & 2 & -6 \\ -1 & 0 & 2 \end{bmatrix} \boldsymbol{X} = \begin{bmatrix} 2 \\ 3 \\ 4 \end{bmatrix}$ 的解。

▶ a＝[1,2,1;4,2,-6;-1,0,2];　　％ 输入系数矩阵 a

▶ b＝[2;3;4];　　　　　　　％ 输入右端列向量 b

▶ d＝det(a)　　　　　　　　％求系数矩阵的行列式

◀ $d＝$ 2

▶ c＝inv(a)　　　　　　　　％求系数矩阵的逆阵

◀ $c＝$　2.0000　　-2.0000　　-7.0000

　　　-1.0000　　1.5000　　　5.0000

　　　1.0000　　-1.0000　　-3.0000

▶ x＝c * b　　　　　　　　％矩阵左逆乘,结果为方程组的解

◀ $x＝$ -30.0000

　　　22.5000

　　　-13.0000

▶ X＝a\b　　　　　　　　％用\除法直接求方程组的解 X(与上述 x 相同)

◀ $X＝$ -30.0000

　　　22.5000

　　　-13.0000

▶ **disp**([a,b,x])　　　　　　％显示增广矩阵及解向量

◀ $\quad$ 1.0000 $\quad$ 2.0000 $\quad\quad$ 1.0000 $\quad\quad$ 2.0000 $\quad\quad$ −30.0000
$\quad\quad\quad$ 4.0000 $\quad$ 2.0000 $\quad$ −6.0000 $\quad\quad$ 3.0000 $\quad\quad$ 22.5000
$\quad$ −1.0000 $\quad$ 0 $\quad\quad\quad\quad$ 2.0000 $\quad\quad$ 4.0000 $\quad$ −13.0000

例 1-15 试求矩阵方程 $\boldsymbol{X}\begin{bmatrix} 1 & 2 & 1 \\ 4 & 2 & -6 \\ -1 & 0 & 2 \end{bmatrix} = \begin{bmatrix} 1 & 2 & 3 \\ 1 & 1 & 1 \end{bmatrix}$的解。

输入命令：

▶ a=[1,2,1;4,2,−6;−1,0,2]; $\quad\quad$ % 输入系数矩阵 a
▶ b=[1 2 3;1 1 1]; $\quad\quad\quad$ % 输入右端矩阵 b
▶ X=b/a $\quad\quad\quad\quad$ % 用/除法直接求方程组的解 X
◀ X = 3.0000 $\quad\quad$ −2.0000 $\quad\quad$ −6.0000
$\quad\quad$ 2.0000 $\quad\quad$ −1.5000 $\quad\quad$ −5.0000

例 1-16 分别画出函数 $y = x^2 \cos x$ 和 $z = \dfrac{\sin x}{x}$ 在区间 $[-6\pi, 6\pi]$ 上的图形。

输入命令：

▶ x=(−6∶0.1∶6)*pi; $\quad$ % 从−6π 到 6π 以 0.1π 为步长生成向量 x
▶ y=x.^2.*cos(x); $\quad\quad$ % 产生与 x 对应的函数值向量 y(两向量对应
$\quad\quad\quad\quad\quad\quad\quad$ 元素乘积,用.*)
▶ z=sin(x)./(x+eps); $\quad$ % 产生与 x 对应的函数值向量 z(两向量对应
$\quad\quad\quad\quad\quad\quad\quad$ 元素相除,用./)
▶ **subplot**(1,2,1) $\quad\quad$ % 分图形窗口为 1 行 2 列,并在第一个子窗中
$\quad\quad\quad\quad\quad\quad\quad$ 绘图
▶ **plot**(x,y) $\quad\quad\quad$ % 画函数 y 的曲线,默认为蓝色(参看实验 2)
▶ **grid** $\quad\quad\quad\quad$ %在第一个子窗中加坐标网格
▶ **subplot**(1,2,2) $\quad\quad$ %在第二个子窗中绘图
▶ **plot**(x,z) $\quad\quad\quad$ % 画函数 z 的曲线,默认为蓝色(参看实验 2)
▶ **grid** $\quad\quad\quad\quad$ %在第二个子窗中加坐标网格

输出结果：
其中:(1)由于 x 为向量,所以函数中平方、乘积以及商的运算均使用**点运算**,否则
为非法操作;

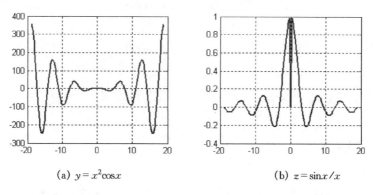

(a) $y = x^2\cos x$　　　　　　　　(b) $z = \sin x / x$

图 1.5　输出图形

▶ x.^2 * cos(x)

◀ ??? *Error using* ==> *

　Inner matrix dimensions must agree.

(2)由于 x 中可能出现 0 分量,为避免出现 0 为分母,所以用 x+**eps** 取代 x 作分母,其中 **eps** 为系统运算时计算机允许取到的最小值;

(3)命令 **subplot**、**plot**、**grid** 均为 MATLAB 绘图函数,有关信息具体见实验 2。

1.3　MATLAB 中函数的数值运算

MATLAB 除了可以进行简单的数值运算外,还可以由用户自定义函数建立一元或多元数值函数。通过建立函数,可以求解相关的各种问题,如求函数的值、零点、极值、积分等。

1.3.1　数值函数的建立

MATLAB 建立数值函数通常有两种方式:一是使用 **inline** 命令;另一种是通过编写函数程序,用 **function** 来定义函数。

1. 使用 inline 命令

▶ help inline

◀ *INLINE Construct INLINE object.*

　INLINE(EXPR) constructs an inline function object from the MAT-LAB expression contained in the string EXPR. The input arguments are automatically determined by searching EXPR for variable names (see SYMVAR). If no variable exists , $'x'$ is used .

例如：

▶ f ＝ inline($'$x.^2－3$'$)　　　　　　　　％建立一元函数 f(x)＝x^2－3

▶ g ＝ inline($'$x.^y－3$'$, $'$x$'$,$'$y$'$)　　　　％建立二元函数 g(x,y)＝x^y－3

▶ h ＝ inline($'$x.^y－3$'$, $'$y$'$,$'$x$'$)　　　　％建立二元函数 h(y,x)＝x^y－3

注意：函数 $g＝g(x,y)$ 与 $h＝h(y,x)$ 的区别，如：$g(2,3)=5$ ，而 $h(2,3)=6$，为什么？

2. 使用 function 创建函数文件(函数文件将在实验 4 中详细介绍)

编写程序建立一个函数文件是 MATLAB 的一种常用方式。函数文件的功能等同于 MATLAB 工具箱中的函数，可以通过命令语句调用。

例如在编辑窗口中输入如下程序：

function y＝f1(x)　　　　　　　　％声明建立一个名为 f1 的函数
％ This is a test function, named by F1.％对函数的解释，用于 help 在线
　　　　　　　　　　　　　　　　　　　　帮助
y＝x.^2－3;　　　　　　　　　　％建立函数 y＝x^2－3,x 可以为向量

用文件名 f1(函数名)保存程序，生成 f1. m 文件即为建立的函数。若要计算该函数在 $x=3$ 处的函数值，利用指令 y＝f1(3)就可以实现。

M-函数必须由 **function** 语句引导，具体格式为：

　　　　function [输出变量列表]＝函数名(输入变量列表)

例 1 - 17　建立同时计算 $y_1 = (a+b)^n$, $y_2 = (a-b)^n$ 的函数，即任给 a、b、n 三个数，返回 $y1$、$y2$。

在编辑窗口中输入如下程序：

function [y1 , y2]＝fun1(a , b , n)
％ fun1 is a function used by DEMO y1＝(a+b)^n, y2＝(a−b)^n
％ Copyright by XJTU
y1＝(a+b).^n ;
y2＝(a−b).^n;

输入完成后用函数名 fun1 作为文件名存盘，从而形成一个函数文件：fun1. m,可以进行调用。

1.3.2　数值函数的运算

当一个数值函数通过上述(1.3.1 节)方法,由 **inline** 或 **function** 建立以后,就可以用于求解相关的各种问题,如求函数值,函数的零点、极值、积分等。

1. 求函数值

当自变量为给定的值或向量时,函数返回相应的函数值或函数值向量。

例如:对于上一节(1.3.1 节)建立的函数 $f(x)$、$g(x,y)$、$h(y,x)$、$f1(x)$ 和 $fun1(a,b,n)$ 有如下结果:

▶ f(2)

◀ *ans = 1*

▶ g(2,3)

◀ *ans = 5*

▶ h(2,3)

◀ *ans = 6*

▶y＝f1(2)

◀ *y = 1*

▶ f([1,2,3])

◀ *ans = −2　　1　　6*

▶[y1,y2]＝fun1(1,3,3)

◀ *y1 = 64*

　 y2＝−8

2. 数值函数的图形

例 1–18　设 $f(x) = \dfrac{1}{(x-0.3)^2 + 0.01} + \dfrac{1}{(x-0.9)^2 + 0.04} - 6$,试画出在 $[0,2]$ 上的曲线段。

首先,可以运用 1.2 节例 1–16 的方法,通过数组来实现。

▶ x＝0 : 0.01 : 2;　　　　　　　　　　%生成向量 x

▶ y＝1./((x−0.3).^2+0.01)+1./((x−0.9).^2+0.04)−6;

　　　　　　　　　　　　　　　　　　%生成与 x 对应的函数值
　　　　　　　　　　　　　　　　　　向量 y,注意点运算

▶ **plot**(x,y,′linewidth′,2)　　　　　%画函数曲线

▶ **grid**　　　　　　　　　　　　　　%加坐标网格

结果如图 1.6 所示。

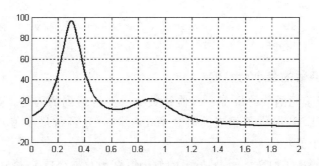

图 1.6　函数 y 在[0,2]上的图形

另一方面,可以通过建立数值函数,运用 MATLAB 的 **fplot** 命令来实现。其格式：

$$\mathbf{fplot}(\mathbf{f},[\mathbf{a},\mathbf{b}])$$

结果为绘制函数 $f(x)$ 在区间[a,b]上的曲线。

▶ f＝inline(' 1./((x－0.3).^2＋0.01)＋1./((x－0.9).^2＋0.04)－6 ');

　　　　　　　　　　　　　　　　　　　　　　　　　　%生成数值函数 f(x)

▶ fplot(f,[0,2])　　　　　　% 画函数 f 在[0,2]上的曲线

▶ grid　　　　　　　　　　% 加坐标网格

图形结果同上述图 1.6。

3. 数值函数的零点

当一个函数 $f(x)$ 与 x 轴相交时,交点(又称为**函数的零点**)是方程 $f(x)=0$ 的一个实根。如何求函数的零点,MATLAB 提供了一个重要命令 **fzero**。其使用方法有两种：

求函数 $f(x)$ 在 $x0$ 附近的零点 c,格式：

$$\mathbf{c}＝\mathbf{fzero}(\mathbf{f}，\mathbf{x0})$$

求函数 $f(x)$ 在区间[a,b]内的零点 c,格式：

$$\mathbf{c}＝\mathbf{fzero}(\mathbf{f}，[\mathbf{a},\mathbf{b}])$$

这里要求函数在区间两端点处函数值要异号。

例如,对于例题 1-18 中所定义的 $f(x)$,求其零点 c。

▶ f＝inline(' 1./((x－0.3).^2＋0.01)＋1./((x－0.9).^2＋0.04)－6 ');

　　　　　　　　　　　　　　　　　　　　　　　　　　%生成数值函数

▶ c＝**fzero**(f , [0,2])　　％ 求函数 f 在[0,2]上的零点 c,要求 f(0)f(2)＜0

◀ *c＝ 1.2995*

▶ fzero(f , 1)　　　　　　％ 求函数 f 在 x＝1 附近的零点

◀ *ans ＝ 1.2995*

4. 数值函数的最小(大)值

求一元或多元函数的最小(大)值是数学上经常遇到的问题。如何求解最小(大)值,MATLAB 提供了相应的命令 **fminbnd**(一元函数最小值)和 **fminsearch**(多元函数最小值)。

求一元函数 $f(x)$ 在区间$[a,b]$上的最小值点 x 及最小值 y,格式为

$$[x,y]＝fminbnd(f,a,b)$$

求多元函数 $f(X)$ 在点 $X0$ 附近的最小值点 X 及最小值 y,格式为

$$[X,y]＝fminsearch(f,X0)$$

这里 $X,X0$ 均为向量。

例如,求一元函数最小值(**fminbnd** 命令)

对于例题 1－18 中所定义函数的 $f(x)$,求其在区间$[0.2,0.8]$上的最小值。

▶ fy＝inline('1./((x-0.3).^2+0.01)+1./((x-0.9).^2+0.04)-6');

▶ [xmin,fmim]＝**fminbnd**(fy,0.2,0.8)

　　　　　　　　　　　　　　　％函数 fy 在[0.2,0.8]上最小值点及最小值

◀ *xmin ＝ 0.6370*

◀ *fmim ＝ 11.2528*

如何求解函数 fy 在[0.2,0.8]上的最大值点及最大值呢?

事实上,函数 fy 在[0.2,0.8]上的最大值就是－fy 在[0.2,0.8]上的最小值。

▶ ff＝inline('-1./((x-0.3).^2+0.01)-1./((x-0.9).^2+0.04)+6');

　　　　　　　　　　　　　　　　　　　　　％函数 ff＝－fy

▶ [x,y]＝**fminbnd**(ff,0.2,0.8);　　％函数 ff 在[0.2,0.8]上最小值点及最小值

▶ xmax＝x

◀ *xmax ＝ 0.3004*

▶ fmax＝－y

◀ *fmax ＝ 96.5014*

5. 数值函数的积分

求一元函数定积分和多元函数重积分的近似值,MATLAB 提供了有关的命

令 **quad**(定积分)、**dblquad**(二重积分)和 **triplequad**(三重积分)。它们的使用方法如下：

求一元函数 $f(x)$ 在区间$[a,b]$上的定积分(近似计算)，格式为

　　　　低阶方法：**quad**(f,a,b)

　　　　高阶方法：**quadl**(f,a,b)

求二元函数 $f(x,y)$ 在长方形区域$[a,b]\times[c,d]$上的二重积分，格式为

　　　　　　dblquad(f,a,b,c,d)

求三元函数 $f(x,y,z)$ 在长方体区域$[a,b]\times[c,d]\times[e,f]$上的三重积分，格式为

　　　　　　triplequad(f,a,b,c,d,e,f)

例如,求例题$1-18$中所定义 $f(x)$ 在$[0,1]$上的定积分$\int_0^1 f(x)\mathrm{d}x$。

▶ f＝inline('1./((x－0.3).^2+0.01)+1./((x－0.9).^2+0.04)－6');

▶ I＝quad(f,0,1)　　　　　　　　　% 求 f(x)在[0,1]上定积分

◀ $I = 29.8583$

例 1－19　求二重积分$\iint\limits_{[0,1]\times[1,2]} xy\mathrm{d}\sigma$,及三重积分

$\iiint\limits_{[0,1]\times[0,1]\times[0,1]} (xe^y + z^2)\mathrm{d}x\mathrm{d}y\mathrm{d}z$。

▶ g＝inline('x.* y', 'x', 'y');　　% 建立二元函数 g(x,y)＝xy

▶ I＝dblquad(g,0,1,1,2)　　　% 求 g(x,y)在[0,1]×[1,2]上的二重
　　　　　　　　　　　　　　　　　积分

◀ $I = 0.7500$

▶ h＝inline('x.* **exp**(y)+z.^2', 'x', 'y', 'z');
　　　　　　　　　　　　　% 建立三元函数 h(x,y,z)＝xe^y+z^2

▶ I＝triplequad(h,0,1,0,1,0,1) % 求 h(x,y,z)在[0,1]×[0,1]×[0,1]上
　　　　　　　　　　　　　　　　的三重积分

◀ $I = 1.1925$

另外,对于定积分,如果已知积分区间 $[a,b]$ 的一个划分向量 $X = [x1,x2,\cdots,xn]$ 以及被积函数 y 在对应划分点处的函数值向量 $Y = [y1,y2,\cdots,yn]$(函数

表达式未必知道),那么可以用梯形近似计算方法计算定积分,MATLAB 提供了命令 **trapz**,格式为:

$$\text{trapz}(X, Y)$$

应用举例

例 1–20 已知 $y = t^3 - 5t^2 + 6t + 5$,设该曲线在区间 $[0, x]$ 上所围曲边梯形面积为 s,试求当 s 分别为 $5, 10$ 时的 x 的值。

分析:由于 $s = \int_0^x (t^3 - 5t^2 + 6t + 5)\mathrm{d}t = \dfrac{1}{4}x^4 - \dfrac{5}{3}x^3 + 3x^2 + 5x$,因此,求解 x 即为求解方程

$$\frac{1}{4}x^4 - \frac{5}{3}x^3 + 3x^2 + 5x - s = 0$$

(1) $s = 5$

▶ f＝inline('1/4 * x^4－5/3 * x^3＋3 * x^2＋5 * x－5') ;

            %建立函数 f(x)＝$\dfrac{1}{4}$x^4＋$\dfrac{5}{3}$x^3＋3x^2＋5x－5

▶ x＝fzero(f,[0,5])   %求解方程 f(x)＝0 在[0,5]上的根

◀ $x = 0.7762$

(2) $s = 10$

▶g＝inline('1/4 * x^4－5/3 * x^3＋3 * x^2＋5 * x－10');

▶ x＝fzero(g,[0,10])   %求解方程 g(x)＝0 在[0,10]上的根

◀ $x = 1.5179$

例 1–21 利用 MATLAB 命令求解无理数的近似值。

(1) 用函数零点命令(**fzero**)求无理数 e 的近似值;

(2) 用定积分计算命令(**trapz, quad, quadl**)求无理数 ln2 的近似值。

(提示:e ＝2.7182818284…,ln2＝0.6931471806…)

(1) 无理数 e 可以看成是方程 ln$x$－1＝0 在 x＝2 附近的实根,于是可以用 **fzero** 来求解。

▶ f＝inline('log(x)－1') ;   %建立函数 f(x)＝ln$x$－1

▶ x0＝fzero(f,2);   %求解方程 f(x)＝0 在 x＝2 附近的根

▶ e ＝vpa(x0,10)   %显示 x0 小数点后 10 位

◀ $e = 2.7182818284$

（2）由于无理数 $\ln 2 = \int_0^1 \dfrac{1}{1+x} \mathrm{d}x$，于是可以用 **trapz,quad,quadl** 命令分别来求解。

用梯形法（trapz）近似计算

▶ X＝0:0.01:1;　　　　　％产生[0,1]区间上的划分向量

▶ Y＝1./(1＋X);　　　　　％求对应的分点处的函数值向量

▶ a＝**trapz**(X,Y);　　　　 ％求用梯形法求出积分近似值

▶ ln2 ＝vpa(a,10)　　　　 ％显示 a 小数点后 10 位

◀ *ln2 = 0.6931534305*　（注意:已精确到小数点后 4 位）

用 quad,quadl 近似计算

▶ f＝inline('1./(1＋x)');％建立被积函数 f(x)

▶ a＝**quad**(f,0,1);　　　 ％用**辛普生方法**求 f 在[0,1]上的积分近似值

▶ ln2 ＝vpa(a,10)　　　　 ％显示 a 小数点后 10 位

◀ *ln2 = 0.6931471999*　（注意:已精确到小数点后 7 位）

▶ a＝**quadl**(f,0,1);　　　 ％用**高阶方法**求 f 在[0,1]上的积分近似值

▶ ln2 ＝vpa(a,10)　　　　 ％显示 a 小数点后 10 位

◀ *ln2 = 0.6931471861*　（注意:已精确到小数点后 9 位）

1.4　MATLAB中的符号运算

MATLAB除了可以进行数值运算外,还可以进行有关符号运算,如函数的求极限、求导、不定积分、Taylor 展开与级数求和等符号运算。

在进行符号运算时,首先要定义符号变量,建立符号函数,再运算命令。

1.4.1　符号函数表示

符号函数	MATLAB 表示
$\dfrac{1}{2x^n}$	1/(2 * x^n)
$\dfrac{1}{\sqrt{2x}}$	1/sqrt(2 * x)

符号函数	MATLAB 表示
$\sin x^2 - \cos 2x$	$\sin(x^2) - \cos(2*x)$
$M = \begin{bmatrix} a & b \\ c & d \end{bmatrix}$	$M = \text{sym}('[a,b;c,d]')$
$f = \int_a^b x^2 \mathrm{d}x$	$f = \text{int}('x^2', 'a', 'b')$

建立符号函数(表达式)通常用两种方式。

(1)首先要用 **syms** 命令声明符号变量,再建立符号函数表达式。格式如下:

syms　x y n　　　　　　　　　　%声明 x,y,n 均为符号变量

z=x^2+sin(x*y^n);　　　　　　　%建立符号函数 z=x^2+sin(xy^n)

注意:用 syms 命令生成多个符号变量时,必须用空格分开,不能用逗号分隔。

(2)直接用 **sym** 命令定义符号函数(表达式)。格式如下:

f=**sym**('x^2+cos(x*y^n)');　　　　%建立符号函数 f=x^2+cos(xy^n)

函数建立之后,即可以对函数进行求极限,求导数,求积分,级数展开等运算。

1.4.2　符号函数的求值

符号函数建立之后,即确立了相应的函数符号表达式,它和数值函数不同,不能直接计算函数值。如:

▶ f=**sym**('1/2+1/3-x*y^2')

◀ $f = 1/2+1/3-x*y2$

那么,要想计算当 $x=2$,$y=3$ 时 f 的函数值,就需要使用 MATLAB 的符号函数与数值函数的转换命令 **eval** 来计算。格式如下:

▶ x=2;y=3;

▶ a=**eval**(f)

◀ $a = -17.1667$

1.4.3　符号函数运算

在对已经建立的符号函数进行运算时,如果符号函数中只有一个符号变量时,

通常默认为函数的自变量,否则对于多个变量时,通常要指明相应的自变量,再对该变量进行运算。

1. 极限运算(limit 命令)

格式:limit(fx, v, a) 求函数 fx 当自变量 v→a 时的极限。

例 1 - 22　设 $f(x) = \dfrac{1}{1 + e^{-1/x}}$,求当 $x \to 1$, $x \to 0^{+}$, $x \to 0^{-}$, $x \to \infty$ 时函数的极限。

▶ syms x　　　　　　　　　　%声明符号变量

▶ fx= 1/(1+exp(−1/x));　%建立符号函数 fx

▶ limit(fx,x,1)　　　　　　%求 fx:x→1 的极限(ans=1/(1+exp(−1)))

▶ limit(fx,x,0, ′right′)　　%求 fx:x→0 的右极限(ans=1)

▶ limit(fx,x,0, ′left′)　　　%求 fx:x→0 的左极限(ans=0)

▶ limit(fx,x,inf)　　　　　%求 fx:x→∞的极限(ans=1/2)

例 1 - 23　求极限 $\lim\limits_{h \to 0} \dfrac{\sin(x + h) - \sin x}{h}$。

▶ syms h

▶ fx= sym (′(sin(x+h)−sin(x))/h′) ;　　　%建立符号函数 fx

▶ limit(fx,h,0)　　　　　　　　　　　%求 fx:h→0 的极限

◀ *ans=cos(x)*

2. 求导运算(diff 命令)

格式:diff(fx, v, n) 求函数 fx 关于自变量 v 的 n 阶导数,n 省略时为一阶导数。

例 1 - 24　设 $f(x, y) = x^{n}y + \sin y$,求 $\dfrac{\partial f}{\partial x}, \dfrac{\partial f}{\partial y}, \dfrac{\partial^{2} f}{\partial y^{2}}, \dfrac{\partial^{2} f}{\partial x \partial y}$。

▶ syms x y n　　　　　　%声明符号变量,注意变量间必须用空格分开

▶ fx=x^n * y+sin(y);　　%建立符号函数

▶ diff(fx)　　　　　　　%对变量 x(默认)求一阶导数(偏导数)

◀ *ans = x^n * n/x * y*　　(即 $nx^{n-1}y$)

▶ diff(fx, y)　　　　　　%对变量 y 求一阶导数(偏导数)

◀ *ans = x^n+cos(y)*

▶ diff(fx, y, 2)　　　　　%对变量 y 求二阶导数(偏导数)

◀ *ans = −sin(y)*

▶ diff(diff(fx,x), y)　　　%先对 x 求导再对 y 求导(二阶混合偏导数)

◀ $ans = x\hat{\ }n * n/x$　　　　　（即 nx^{n-1}）

3. 积分运算（int 命令）

格式：**int**(fx，v，a，b) 求函数 fx 当自变量从 a 到 b 的积分。

例 1 - 25　求 $\int \dfrac{xy}{1+x^2}\mathrm{d}x$，$\int_0^t \dfrac{xy}{1+x^2}\mathrm{d}x$，$\int_0^1 \mathrm{d}x \int_0^{\sqrt{x}} \dfrac{xy}{1+x^2}\mathrm{d}y$，$\int_0^1 \mathrm{d}x \int_0^{1-x} \mathrm{d}y \int_0^{1-x-y}$ $(x+y+z)\mathrm{d}z$。

▶ syms x y z　　　　　　　　　%声明符号变量，注意变量间必须用空格分开

▶ f1＝x * y/(1+x^2)；　　　　　%建立符号函数

▶ f2＝x＋y＋z；

▶ int(f1)　　　　　　　　　%对 f1 关于变量 x（默认）求不定积分

◀ $ans = 1/2 * y * log(1+x\hat{\ }2)$　　（即 $\dfrac{1}{2}y\ln(1+x^2)$）

▶ syms t

▶ int(f1,0，t)　　　　　　　%对 f1 关于变量 x（默认）在 $[0,t]$ 上求定积分

◀ $ans = 1/2 * log(1+t\hat{\ }2) * y$　　（即 $\dfrac{1}{2}y\ln(1+t^2)$）

▶ int(int(f1,y,0, sqrt(x)),x,0,1)

　　　　　　　%对 f1 先求对 y 的积分再求对 x 的积分（二重积分）

◀ $ans = 1/2 - 1/8 * pi$　　（即 $\dfrac{1}{2}-\dfrac{1}{8}\pi$）

▶ int(int(int(f2,z,0, 1−x−y),y,0,1−x),x,0,1)

　　　　　　　%对 f2 先对 zy 的积分再求对 x 的积分（二重积分）

◀ $ans = 1/8$

4. 级数求和（symsum 命令）

格式：**symsum**(Sn，v，a，b) 对数列 Sn 关于自变量 v 自 a 至 b 求和。

例 1 - 26　求级数的和：$\displaystyle\sum_{k=1}^{\infty} \dfrac{1}{k}$，$\displaystyle\sum_{k=1}^{\infty} \dfrac{1}{k(k+1)}$，$\displaystyle\sum_{k=0}^{\infty} \dfrac{a}{3^k}$。

▶ syms a k

▶ symsum(1/k,1,inf)　　　　%求级数 $1+\dfrac{1}{2}+\dfrac{1}{3}+\cdots+\dfrac{1}{k}+\cdots$

◀ $ans = Inf$　　　　　　　　（inf 即 ∞）

▶ symsum(1/(k * (k+1)),1,inf)　%求级数 $\dfrac{1}{1\times2}+\dfrac{1}{2\times3}+\cdots+\dfrac{1}{k\times(k+1)}+\cdots$

◀ $ans= 1$

▶ symsum(a * 1/3^k,k,0,inf)　　%求级数 $a+\dfrac{a}{3}+\dfrac{a}{3^2}+\cdots+\dfrac{a}{3^k}+\cdots$

◀ *ans= 3/2 * a*

5. 泰勒展开(taylor 命令)

格式: taylor(fx, v, n, v0) 求 fx 关于自变量 v 在 v0 处泰勒展开前 n 项。

例 1－27

▶ syms x

▶ fx=1/(1+x+x^2)

▶ f=taylor(fx)　　　　　%求 fx 对自变量 x(默认)在 x=0 点(默认)泰勒展开
　　　　　　　　　　　　前 6 项(默认)

◀ *f=1－xfx^3－x^4*

▶ f=taylor(fx,8,1)　　　%求 fx 对自变量 x(默认)在 x=1 点泰勒展开式前 8 项

◀ *f=2/3－1/3 * x+2/9 * (x−1)^2−1/9 * (x−1)^3+1/27 * (x−1)^4−1/
　81 * (x−1)^6+1/81 * (x−1)^7*

6. 方程求根(solve 命令)

例 1－28

▶ fx=sym('a * x^2+b * x+c') ;　　　　　%建立符号函数

▶ solve(fx)　　　　　　　　　　%求方程 fx=0 的符号解

◀ *ans = [1/2/a * (−b+(b^2−4 * a * c)^(1/2))]*
　　　　　*[1/2/a * (−b−(b^2−4 * a * c)^(1/2))]*

▶ syms b

▶ solve(fx, b)　　　　　　　　%求方程 fx=0 关于变量 b 的符号解

◀ *ans = −(a * x^2+c)/x*

7. 微分方程(组)求解(dsolve 命令)

格式: dsolve('equation1, equation1,…', 'condition1, condition1,…')

例 1－29

▶ dsolve('Dy=5')　　　　　　　%求方程 y'=5 的通解,默认自变量为 t

◀ *ans = 5 * t+C1*

▶ dsolve('Dy=x', 'x')　　　　　%求方程 y'=x 的通解,指定自变量为 x

◀ *ans =1/2 * x^2+C1*

▶ dsolve('D2y=1+Dy', 'y(0)=1', 'Dy(0)=0')
　　　　　　　　　　　　%求方程 $y''=1+y'$ 满足 $y(0)=1$,
　　　　　　　　　　　　$y'(0)=0$ 的特解

◀ $ans = -t + exp(t)$ （即 $y = -t + e^t$）

▶ $[x,y] = dsolve('Dx = x + y, Dy = 2*x')$

%求方程组 $\begin{cases} x' = x + y \\ y' = 2x \end{cases}$ 的通解，默认自变量为 t

◀ $x = 1/3*C1*exp(-t) + 2/3*C1*exp(2*t) + 1/3*C2*exp(2*t) - 1/3*C2*exp(-t)$

$y = 2/3*C1*exp(2*t) - 2/3*C1*exp(-t) + 2/3*C2*exp(-t) + 1/3*C2*exp(2*t)$

即 $\begin{cases} x = 1/3(c_1 - c_2)e^{-t} + 1/3(2c_1 + c_2)e^{2t} \\ y = -1/3(2c_1 - c_2)e^{-t} + 1/3(2c_1 + c_2)e^{2t} \end{cases}$

实验 1 上机练习题

利用 MATLAB 软件求解下列问题。

1. 设 $A = \begin{bmatrix} 2 & -1 \\ -1 & 2 \end{bmatrix}$, $B = \begin{bmatrix} 0 & -2 \\ -2 & 0 \end{bmatrix}$, 求矩阵方程 $AX - 2A = B - X$ 的解。

2. 设有两个复数 $a = 1 + 3i, b = 2 - i$, 计算 $a + b, a - b, a \times b, a/b$。

3. 随机生成一个 3×3 矩阵 A 及 3×2 矩阵 B, 计算 (1) AB, (2) 对 B 中每个元素平方后得到的矩阵 C, (3) $\sin B$, (4) A 的行列式, (5) 判断 A 是否可逆, 若可逆, 计算 A 的逆矩阵, (6) 解矩阵方程 $AX = B$, (7) 矩阵 A 中第二行元素加 1, 其余元素不变, 得到矩阵 D, 计算 D。

4. 设 $y = (x^2 + e^x \cos x + [x])/x$, 分别计算 $x = 1, 3, 5, 7.4, -4$ 时 y 的值, 其中 $[x]$ 表示 x 的取整函数。

5. 计算 $\dfrac{\sin(|x| + y)}{\sqrt{\cos(|x + y|)}}$, 其中 $x = -4.5°, y = 7.6°$。

6. 画出 $y = \dfrac{x^3}{1 + x^2}$ 和 $z = \dfrac{\ln(1 + x^2)}{x^2}$ 在区间 $[-5, 5]$ 上的图形 (提示: 用 .^ 和 ./ 运算)。

7. 画出 $f(x) = e^{2\sin x} \cos x - e^{2\cos x} \sin x$ 在区间 $[-5, 5]$ 上的图形。

8. 设 $f(x) = e^{2\sin x} \cos x - e^{2\cos x} \sin x$, 试在 $[-5, 5]$ 上求出函数的零点及极大、极小值。

9. 当 $s = 1, 11, 21$ 时, 求方程 $\int_0^x (t^3 + 2e^t - 3\cos t) dt - s = 0$ 的根。

10. 已知 $\pi = \int_0^1 \dfrac{4}{1 + x^2} dx$ (试证明), 试用不同的积分命令求其近似值 (pi

$= 3.14159265358\cdots$)。

11. 求极限 (1) $\lim\limits_{x\to\infty}(\dfrac{x-a}{x+a})^x$；(2) $\lim\limits_{x\to 0^+}(\tan x)^{\frac{1}{\ln x}}$。

12. 设 $f(t)=\lim\limits_{x\to\infty}(1+\dfrac{1}{x})^{2tx}$，求 $f'(t)$。

13. 展开多项式 $y=(a+1)^3+(b-1)^2+a+2b$。

14. 分解因式 $y=x^5-3x^4+2x^2+x-1$。

15. 求方程 $x^3-2x+1=0$ 的根。

16. 求函数 $y=\sqrt{x+\sqrt{x+\sqrt{x}}}$ 的导数。

17. 求不定积分 $\displaystyle\int\dfrac{1}{\sqrt{2x+3}+\sqrt{2x-1}}\mathrm{d}x$。

18. 求定积分 $\displaystyle\int_{\sqrt{e}}^{e^{\frac{3}{4}}}\dfrac{\mathrm{d}x}{x\sqrt{\ln x(1-\ln x)}}$。

19. 解方程组 $\begin{cases}2x+y=8\\x-3y=1\end{cases}$。

20. 求和 $\displaystyle\sum_{k=1}^{20}\dfrac{1}{k^2}$。

21. 求 $\cos 2x$ 在 $x=\dfrac{\pi}{6}$ 处的 15 次泰勒多项式。

22. 设 $f(x)=x+\sin(x+\cos x)$，求 $f(x)$ 在 $[0,4\pi]$ 上的极值、拐点。

实验 2

用 MATLAB 绘制二维、三维图形

2.1 二维图形的绘制

2.1.1 二维绘图的基本命令

正如在前面例题中所见到的,MATLAB 提供了二维绘图命令 plot,可以在适当的坐标系中绘制用数据组表示的曲线。其基本调用格式如下。

(1)plot(x, 's')

x 是实向量时,以该向量元素的下标为横坐标、元素值为纵坐标画出一条曲线;

x 是实矩阵时,则按列绘制每列元素值相对其下标的曲线,图中曲线数等于 x 阵的列数;

s 是用来指定线型、点型、颜色的选项字符串。点型、线型与颜色的合法取值见表 2-1 和表 2-2,其中的 o 和 x 都是英文字母。's' 也可以缺省,此时为蓝色实心线。

(2)plot(x, y, 's')

x,y 是同维向量时,绘制以 x,y 元素为横、纵坐标的曲线;

x,y 是同维矩阵时,绘制以 x,y 对应列元素为横、纵坐标分别绘制的曲线,曲线条数等于矩阵的列数;

s 的意义与其在 plot(x, 's')格式中的意义相同。

(3)plot(x1, y1, 's1', x2, y2, 's2', ⋯)

此格式中,每个三元组(x, y, 's')的结构域作用,与 plot(x, y, 's')相同,不同三元组之间没有约束关系。

表 2 - 1 点型和线型代码表

.	o	x	＋	＊	－	：	－.	－－
点	圆圈	×标记	＋标记	＊标记	实线	点线	点划线	虚线

表 2 - 2 颜色代码表

y	m	c	r	g	b	w	k
黄	紫	青	红	绿	蓝	白	黑

例 2 - 1 已知某城市 1 月至 12 月的平均气温为 $x=[-5,2,7,10,15,22,27,28,26,20,14,5]$,画出其温度曲线。

▶ x＝[-5,2,7,10,15,22,27,28,26,20,14,5];

▶ plot(x,$'r*-'$)

打开图形窗口,就可见绘制的温度曲线图如图 2.1 所示。

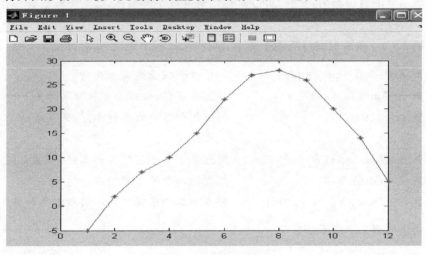

图 2.1 温度曲线图

若想将图复制到 word 文档,点击图形窗口上方 Edit 下拉菜单 copy figure,然后在 word 文档中粘贴即可。利用图形窗口上方的菜单,也可以对图形进行编辑,这需要慢慢体会,这里就不介绍了。

例 2 - 2 多幅图画在同一窗口。

方法一: 输入下列指令,查看图形窗口。

▶ x＝0:0.1:2 * pi;　　　　　　　%按步长赋值生成 x 向量

▶ y＝sin(x); z＝cos(x);　　　%生成正弦、余弦函数值 y、z 向量
▶ plot(x,y,′r＊′,x,z)　　　　%在一个窗中画出正弦、余弦曲线
　　方法二:输入下列指令,查看图形窗口。
▶ x＝0:0.1:2＊pi;　　　　　%按步长赋值生成 x 向量
▶ y＝sin(x); z＝cos(x);　　　%生成正弦、余弦函数值 y、z 向量
▶ plot(x,y,′r＊′)　　　　　　%画出正弦曲线
▶ hold on　　　　　　　　　%保持图形窗中绘图
▶ plot(x,z)　　　　　　　　 %画出余弦曲线
▶ hold off　　　　　　　　　%取消图形保持

在方法二中删除指令 hold on,hold off,重新运行命令,查看结果。你会发现,没有 hold on 指令,图形窗口仅显示了最后绘制的余弦曲线。若想将两幅图画在不同的子窗口,则需要 subplot 指令。

• 使用 **hold on** 命令实现在同一窗口中多次绘制图形,用 **hold off** 取消。
• 使用 **subplot**(m,n,k)命令实现一个区域中显示 $m \times n$ 个子图形窗口,并指定在第 k 个子窗口绘图;此时,可以对该图形进行个性描述,如对坐标重置、对线条加粗、加说明等。

例 2－3 在图形窗口绘制子图形,画出[0,2π]上正弦、余弦曲线。

▶ x＝0:0.1＊pi:2＊pi;　　　%按步长赋值生成 x 向量
▶ y＝sin(x); z＝cos(x);　　　%生成正弦、余弦函数值 y、z 向量
▶ subplot(2,1,1)　　　　　　%分图形窗口为 2 行 1 列,并在第一个子窗
　　　　　　　　　　　　　　　中绘图
▶ plot(x,y,x,z)　　　　　　 %在第一个子窗中画出正弦、余弦曲线
▶ subplot(2,1,2)　　　　　　%在第二个子窗中绘图
▶ plot(x,y,′k:′,x,z,′r—′)　　%在第二个子窗中用不同颜色画两条曲线

结果如图 2.2 所示。

2.1.2　图形的标识与修饰

• 使用 **grid** 命令对图形窗口加坐标网格
• 使用 **linewidth** 和 **markersize** 命令实现图形中线宽和点型大小的设置
格式:plot(x,y, ′b＊—′, x,y, ′linewidth′,5 ,′markersize′,10)
其中,数值 5 和 10 分别为线宽和点型的大小,默认值为 1。
• 使用 **axis** 命令实现坐标轴的重新设置
格式:axis([xmin xmax ymin ymax])

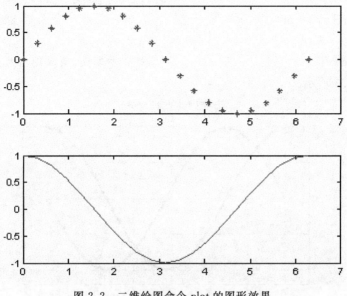

图 2.2　二维绘图命令 plot 的图形效果

• 使用 **title　xlabel　ylabel　zlabel　text** 等命令实现对图形的文字说明

以上这些命令在绘图时是经常使用到的,下面通过例子说明其使用方法。

例 2 - 4　画出 $[0,2\pi]$ 上正弦、余弦曲线并对线型加粗、点型加大,重新定置坐标系以及加注相关说明和注释。

▶ x＝0:0.1 * pi:2 * pi;　　　　　　%按步长赋值生成 x 向量
▶ y＝sin(x);　　　　　　　　　%生成正弦、余弦函数值 y、z 向量
▶ z＝cos(x);
▶ plot(x,y,'b−', x,z,'k.−','linewidth',3,'markersize',15)
▶ axis([−0.2 * pi 2.2 * pi −1.2 1.2])　　%重新设置图形窗口坐标轴范围
▶ grid　　　　　　　　　　%加注坐标网格
▶ xlabel('Variable \it{x}')　　　%标记横坐标轴,\it{x}表示 x 为斜体
▶ ylabel('Variable \it{y}')　　　%标记纵坐标轴
▶ title('Sine and Cosine Cruves')　%标记图名
▶ text(2.5,0.7,'Sin(x)')　　　　%在(2.5,0.7)位置,标记曲线名称
▶ text(1.5,0.1,'Cos(x)')　　　　%在(1.5,0.1)位置,标记曲线名称

现要在坐标系中画出连接 $[0,0]$ 到 $[2\pi,0]$ 的直线且用红色,用以作为 x 轴,则输入以下命令:

▶ hold on　　　　　　　　　　%图形保持,在同一图形窗口中叠加图形
▶ plot([0,2 * pi],[0,0], ′r—.′)　%叠加一条红色的点划直线:(0,0)到
　　　　　　　　　　　　　　　　　　　　(2pi,0)
▶ hold off　　　　　　　　　　%图形保持取消,再画图时将另辟窗口
结果如图 2.3 所示。

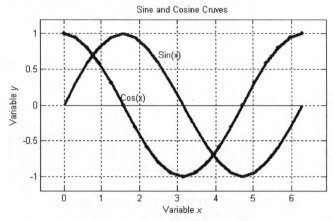

图 2.3　二维绘图线型、图示等效果

2.1.3　极坐标、直方图、饼图等的绘制

• 使用 **fill**(x,y)命令实现对闭合图形的填充;使用 **polar**(theta,rho)命令进行极坐标绘图

例 2 - 5　分别在两个图形窗口画出填充一正方形和极坐标方程 $r = 2\sin 2\theta \cdot \cos 2\theta$ 的图形。

▶ h1＝figure;　　　　　　　　%打开第一个图形窗口,返回其图标识号(句
　　　　　　　　　　　　　　　　　　柄)h1
▶ x＝[0 1 1 0 0];　　　　　　　%闭合图形的顶点横坐标向量
▶ y＝[0 0 1 1 0];　　　　　　　%闭合图形的顶点纵坐标向量
▶ fill(x,y,′y′)　　　　　　　　%填充闭合图形(用黄颜色)
▶ axis([−1 2 −1 2])　　　　　%重新设置坐标轴
▶ h2＝figure;　　　　　　　　%打开第二个图形窗口,返回其图标识号(句
　　　　　　　　　　　　　　　　　　柄)h2
▶ theta＝linspace(0,2 * pi);　%对 theta 角的范围进行划分,生成分点向量
▶ rho＝sin(2 * theta). * cos(2 * theta);　%生成相应极坐标方程的极径
　　　　　　　　　　　　　　　　　　　　rho 向量

▶ polar(theta,rho,'r')　　%绘制相应的极坐标方程图形(用红色)

▶ title('Polar plot of sin(2 * theta)cos(2 * theta)')　　%添加图形标题

这时要想对第二个图形窗口的曲线改变颜色,则可用以下命令格式:

▶ set(h2,'color','r')　　　　%设置第二个窗口为红色

其中,h2 为第二图形窗口的句柄。结果如图 2.4 所示。

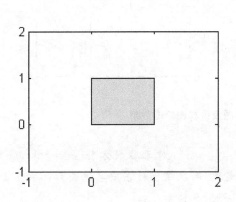 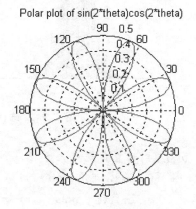

图 2.4　二维绘图填充及极坐标绘图效果

• 使用 **bar**(x,y)命令实现绘制直方图;使用 **stairs**(x,y)命令实现绘制阶梯图。

例 2 - 6　在[-2.5,2.5]上画出函数 $y = e^{-x^2}$ 的直方图和阶梯图。

▶ x=linspace(-2.5,2.5,20);　　　%产生横坐标 x 向量

▶ y=exp(-x. * x);　　　　　　　%生成函数值向量

▶ h1=subplot(1,2,1);　　　　　　%分图形窗口并在第一个子窗中绘
　　　　　　　　　　　　　　　　　　图,返回其句柄 h1

▶ bar(x,y)　　　　　　　　　　　%画出直方图

▶ title(' Bar Chart of a Bell Curve ')　　%添加图形标题

▶ h2= subplot(1,2,2);　　　　　　%在第二个子窗中绘图,返回其句柄 h2

▶ stairs(x,y)　　　　　　　　　　%画出阶梯图

▶ title(' Stairs Plot of a Bell Curve ')　　%添加图形标题

结果如图 2.5 所示。

例 2 - 7　采用不同形式(直角坐标、参数、极坐标),画出单位圆 $x^2 + y^2 = 1$ 的图形。

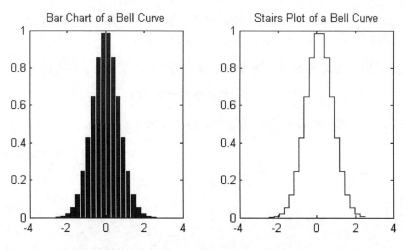

图 2.5　二维直方图及阶梯图绘图效果

分析：对于直角坐标系方程，$y = \pm \sqrt{1-x^2}$，对于参数方程 $x = \cos t$，$y = \sin t$，$t \in [0, 2\pi]$，利用 **plot(x,y)** 命令实现。而在极坐标系中单位圆为：$r = 1(1 + 0t)$，$t \in [0, 2\pi]$，利用 **polar(t,r)** 命令实现。具体如下：

(1)直角坐标系

▶ x＝−1：0.01：1；　　　　　　%对 x 的范围进行划分，生成分点向量

▶ y1＝sqrt(1−x.^2)；　　　　　　%生成上半单位圆的函数值向量

▶ y2＝−y1；　　　　　　　　　%生成下半单位圆的函数值向量

▶ plot(x,y1,x,y2)；　　　　　　%同时画出上半圆和下半圆

▶ axis equal　　　　　　　　　%让坐标系中两个坐标轴取值相同

结果如图 2.6(a)所示。

(2)参数方程

▶ t＝0：0.01 * pi：2 * pi；　　　　%对 t 的范围进行划分，生成分点向量

▶ x＝cos(t)；y＝sin(t)；　　　　　%生成单位圆上的函数值向量

▶ plot(x,y)；　　　　　　　　　%画出单位圆

▶ axis equal　　　　　　　　　%让坐标系中两个坐标轴取值相同

结果图形和图 2.6(a)一样。

(3)极坐标系

▶ t＝0：0.01 * pi：2 * pi；　　　　%对 t 的范围进行划分，生成分点向量

▶ r＝1＋0 * t；　　　　　　　　%生成单位圆的极径 r 向量

▶ polar(t,r)　　　　　　　　%绘制相应的极坐标方程图形

结果如图 2.6(b)所示。

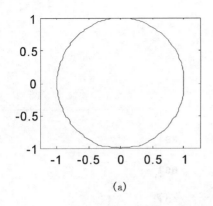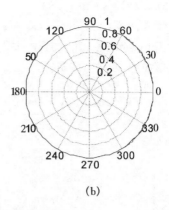

　　　　　　(a)　　　　　　　　　　　　　　　(b)

图 2.6　单位圆的绘图效果

2.1.4　符号函数绘图

符号函数绘图可以通过"**ezplot**"和"**fplot**"来实现。其调用格式如下：

ezplot(f)　　　　%在默认区间－2∗pi＜x＜2∗pi 绘制 f＝f(x)的函数图

ezplot(f,[a,b])　　　%在区间[a,b]绘制 f＝f(x)的函数图

ezplot(f, [xmin,xmax,ymin,ymax])　　　%在区间 xmin＜x＜.xmax 和 ymin＜y＜ymax 绘制隐函数 f(x,y)＝0)的函数图

ezplot(x,y, [tmin,tmax])　　　　%在区间 tmin＜t＜tmax 绘制参数方程 x＝x(t),y＝y(t)的函数图

fplot(fun,[a,b])　　　　%绘制字符串 fun 指定的函数在[a,b]的图形。fun 是 function 函数编写的 M 文件的函数名或独立变量为 x 的字符串。

fplot 不能绘制参数方程和隐函数的图形,但在一个图上画出多个图形。

例 2-8　画出星形线 $x = \cos^3 t, y = \sin^3 t$ 的图形。

▶ ezplot('cos(t).^3', 'sin(t).^3',[0,2∗pi])

结果如图 2.7(a)所示。

例 2-9　在[0.5,10]画出 $y = \dfrac{1}{x}\sin\dfrac{1}{x}$ 的图形。

解　方法 1

▶ fplot('(1./x).∗sin(1./x) ',[0.01,0.25])

　　方法 2

先在编辑窗口输入下列指令,保存文件名为:fun1,即建立了 M 文件 fun1. m

function y＝fun1(x)

y＝(1./x).＊sin(1./x);

再输入命令:

▶ fplot(@fun 1,[0.01,0.25])

结果如图 2.7(b)所示。

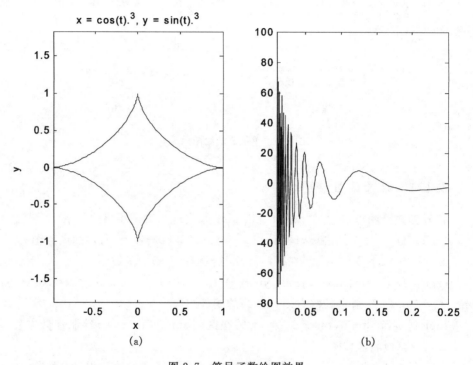

(a)　　　　　　　　　　　　(b)

图 2.7　符号函数绘图效果

练习　在同一坐标系下画出 $\cos x, 1-\dfrac{x^2}{2}, x \in [-2,2]$ 的图形。

方法 1

▶ fplot('[cos(x),1-x.^2/2]',[-2,2]) ％ 将 x 的取值范围限制在[-2,2]

若将 x 的取值范围都限制在[-2,2],y 的取值范围限制在[-1,1],则用下面指令。

▶ fplot('[cos(x),1-x.^2/2]',[-2,2,-1,1])

方法 2

▶ fplot('cos(x)',[-2,2])

▶ hold on

▶ fplot('1−x.^2/2',[−2,2])

▶ hold off

2.2　三维图形的绘制

同绘制二维图形一样,为了显示三维图形,MATLAB 提供了各种各样的函数。

2.2.1　三维曲线的绘制

三维曲线绘制命令是 **plot3**,它是二维绘图命令 **plot** 的推广,它们的使用方法和功能基本相同。使用该命令软件将开辟一个图形窗口,并画出连接坐标系中一系列点的连线。

格式:

$$\textbf{plot3}(x,y,z,'颜色＋线型＋点型',\cdots)$$

- 当(x,y,z)为一点坐标时,则在空间相应位置画出一个点。用法:

    plot3(x,y,z,'r∗')　　　　　%在(x,y,z)处画一红色的'∗'点

- 当(x,y,z)为点列(x1,y1,z1),(x2,y2,z2),$\cdots$,(xn,yn,zn)时,则画出依次连接这些点的曲线。用法:

    plot3(x,y,z)　　　　　　　　%画出连接点列的蓝色实心线(默认)

    plot3(x,y,z,'r−')　　　　　%画出连接点列的红色实线

其中,曲线的颜色和线型取值同 2−1 和 2−2 中列表。

例 2−10　画出螺旋线:$x=\sin(t),y=\cos(t),z=t,t\in[0,10\pi]$ 上一段曲线。

▶ t=0:pi/50:10∗pi;　　　　　%生成参数 t 数组

▶ X=sin(t);　　　　　　　　%生成螺旋线 X 数组

▶ Y=cos(t);　　　　　　　　%生成螺旋线 Y 数组

▶ Z=t;　　　　　　　　　　%生成螺旋线 Z 数组

▶ plot3(X,Y,Z,'k−','linewidth',3)　%画螺旋线

▶ grid

结果如图 2.8 所示。

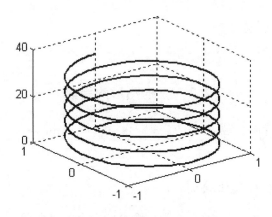

图 2.8　等速螺旋线

2.2.2　三维曲面的绘制(mesh、surf 命令)

对于二元函数 $z = f(x,y)$，设其定义域为$[a,b] \times [c,d]$，则其几何图像为空间坐标系中一片曲面，该曲面的投影域即为函数的定义域，使用 **mesh**、**surf** 等命令可以绘制出相应曲面。格式：

mesh(X,Y,Z)　　　　　　　%绘制网格曲面
surf(X,Y,Z)　　　　　　　%绘制光滑曲面

其中 X, Y 为投影域上网格划分节点处对应的横坐标矩阵和纵坐标矩阵，可由 **meshgrid** 命令生成；Z 为与投影域上网格划分节点(X,Y)对应的函数值(坐标 z)矩阵。具体步骤：

(1) 对投影域进行划分：

▶ x＝a:p1:b　　%按步长 p1 对 [a,b]区间进行划分并生成向量

▶ y＝c:p2:d　　%按步长 p2 对 [c,d]区间进行划分并生成向量

(2) 按上述划分生成投影域上全部网格节点的坐标矩阵：

▶ [X,Y]＝meshgrid(x,y)

(3) 根据函数表达式生成全部网格节点处对应的函数值(坐标 z)矩阵 Z：

▶ Z＝f(X,Y)　　%注意由于是对矩阵元素操作，运算时要用点运算

(4) 顺序连接已产生的空间点(X,Y,Z)绘制相应曲面：

▶ mesh(X,Y,Z) ;　　　　%绘制网格曲面并赋以颜色

▶ surf(X,Y,Z) ;　　　　　　　%绘制光滑曲面

▶ shading flat ;　　　　　　　%对曲面平滑并除去网格线

例 2-11　画出矩形域$[-1,1]\times[-1,1]$上旋转抛物面：$z=x^2+y^2$。

▶ x=linspace(-1,1,100);　　　%分割$[-1,1]$区间生成 x

▶ y=x;　　　　　　　　　　%y 与 x 相同

▶ [X,Y]=meshgrid(x,y);　　　%生成矩形域$[-1,1]\times[-1,1]$网格节点
　　　　　　　　　　　　　坐标矩阵

▶ Z=X.^2+Y.^2;　　　　　　%生成 z=x^2+y^2 函数值矩阵

▶ subplot(1,2,1)

▶ mesh(X,Y,Z);　　　　　　　%在第一个子窗口中画 z=x^2+y^2 网格曲面

▶ subplot(1,2,2)

▶ surf(X,Y,Z);　　　　　　　%在第二个子窗口中画 z=x^2+y^2 光滑曲面

▶ shading flat ;　　　　　　　%对曲面 z=x^2+y^2 平滑并除去网格

结果如图 2.9 所示。

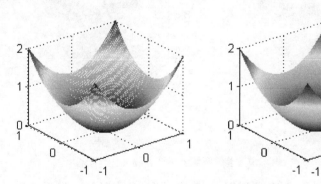

图 2.9　矩形域上旋转抛物面

从图形上可以看出，这是曲面在长方体内的部分曲面，那么，要想画出单位圆域上对应的曲面，该如何处理。很明显，必须将单位圆域之外部分的曲面去掉（镂空），操作如下。

例 2-12　在圆形域 $x^2+y^2\leqslant1$ 上绘制旋转抛物面：$z=x^2+y^2$。

▶ x=linspace(-1,1,300);　　　%分割$[-1,1]$区间生成 x

▶ y=x;　　　　　　　　　　%生成 y

▶ [X,Y]=meshgrid(x,y);　　　%生成矩形域$[-1,1]\times[-1,1]$网格节点
　　　　　　　　　　　　　坐标矩阵

▶ Z=X. ^2+Y. ^2;　　　　　　　%生成 z=x²+y² 函数值矩阵

▶ i=find(Z>1);　　　　　　　　%找出圆域 x²+y²≤1 之外的函数值(z>1)
　　　　　　　　　　　　　　　　　坐标点 i

▶ Z(i)=NaN;　　　　　　　　　%对圆域 x²+y²≤1 之外的坐标点 i 处函数
　　　　　　　　　　　　　　　　　值进行"赋空"

▶ subplot(1,2,1)

▶ mesh(X,Y,Z) ;　　　　　　　%在第一个子窗口中画 z=x²+y² 网格曲面

▶ subplot(1,2,2)

▶ surf(X,Y,Z) ;　　　　　　　%在第二个子窗口中画 z=x²+y² 光滑曲面

▶ shading flat ;　　　　　　　%对曲面 z=x²+y² 平滑并除去网格

结果如图 2.10 所示。

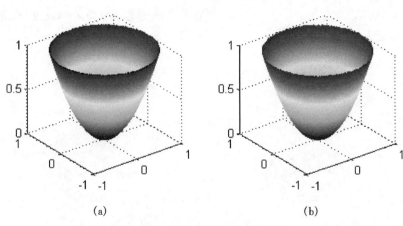

(a)　　　　　　　　　　　　　　　　(b)

图 2.10　单位圆域上旋转抛物面

注意:由于区域划分很细,所以图 2.10 中子图(a)中网格已经看不出了,同子图(b)几乎一样。

2.2.3　特殊图形和简易绘图命令

(1)几个特殊的空间曲面:peaks,sphere,cylinder,它们的使用方法如下

▶ [x,y,z]=peaks;　　　▶ [x,y,z]=sphere;　　　▶ [x,y,z]=cylinder;

▶ surf(x,y,z)　　　　　▶ surf(x,y,z)　　　　　▶ surf(x,y,z)

结果如图 2.11 所示。

(2)对于给定的符号函数 f(x,y),可以方便地利用 **ezsurf** 命令画出 f(x,y)的曲面图。格式如下:

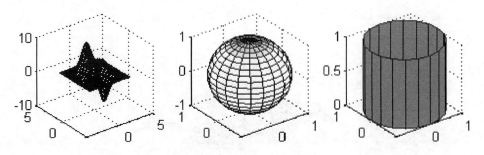

图 2.11　几个特殊曲面图

▶ **ezsurf**($'$sin(x^2+y^2)/(x^2+y^2)$'$)　　　　%画出 $z=\sin(x^2+y^2)/(x^2+y^2)$
　　　　　　　　　　　　　　　　　　的图形

应用举例

例 2 - 13　画出 $z=\dfrac{\sin\sqrt{x^2+y^2}}{\sqrt{x^2+y^2}}$ 在 $|x|\leqslant 7.5$，$|y|\leqslant 7.5$ 上的图形。

输入命令：

▶ x=-7.5:0.5:7.5;

▶ y=x;

▶ [X,Y]=meshgrid(x,y);

▶ u=sqrt(X.^2+Y.^2)+eps;　　　%加 eps 使得 u 不等于 0,保证 z 有意义

▶ Z=sin(u)./u;

▶ surf(X,Y,Z)

输出结果如图 2.12 所示。

例 2 - 14　有一组实验数据如下表所示,试绘图表示。

时 间/h	1	2	3	4	5	6	7	8	9
数据 1	12.51	13.54	15.60	15.92	20.64	24.53	30.24	50.00	36.34
数据 2	9.87	20.54	32.21	40.50	48.31	64.51	72.32	85.98	89.77
数据 3	10.11	8.14	14.17	10.14	40.50	39.45	60.11	70.13	40.90

输入命令：

▶ t=1:9;

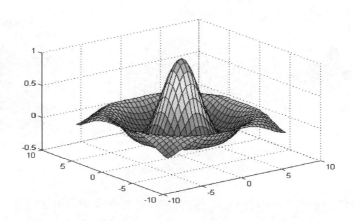

图 2.12 程序运行结果图

▶ d1＝[12.51 13.54 15.60 15.92 20.64 24.53 30.24 50.00 36.34];

▶ d2＝[9.87 20.54 32.21 40.50 48.31 64.51 72.32 85.98 89.77];

▶ d3＝[10.11 8.14 14.17 10.14 40.50 39.45 60.11 70.13 40.90];

▶ plot(t,d1,′r＋−′,t,d2,′kx:′,t,d3,′b＊−′,′linewidth′,2,′markersize′,8);

▶ title(′time & data′);

▶ xlabel(′time′);ylabel(′data′);

▶ axis([0 10 0 100]);

▶ text(6.5,25.5,′\leftarrowdata1′);   ％ ′\leftarrow′表示画一左箭头←，
且在标识前

▶ text(3,43.8,′data2\rightarrow′);   ％ ′\rightarrow′表示画一右箭头
→，且在标识后

▶ text(4.8,30.5,′\leftarrowdata3′);

▶ grid

输出结果如图 2.13 所示。

实验 2 上机练习题

1. 画出数列 $\left(1+\dfrac{1}{n}\right)^{n}$，$n=1,2,\cdots$ 的变化趋势图。

2. 画出 $a_{n}=\sqrt[n]{n}$ 的图形，观察 n 增大时 a_{n} 的变化趋势。

3. 画出 $y=\dfrac{\sin x}{x}$ 的图形，观察 $x\rightarrow0$ 时函数的变化趋势。

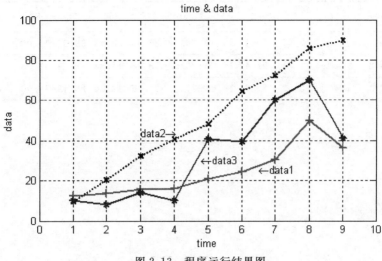

图 2.13　程序运行结果图

4. 在同一坐标系下画出 $y = \sin x$ 或 $y = e^x$ 和它们的 n 次泰勒多项式的图形，观察其接近程度。其中至少取 5 个不同的 n 值。

5. 画出 $y = \dfrac{1}{x}\sin\dfrac{1}{x}$ 的图形，观察 $x \to 0$ 和 $x \to \infty$ 时函数的变化趋势。

6. 某大学本科生就业情况如下：458 人考入研究生，60 人签到外企或合资企业，184 人签到国营大企业，87 人签到私人企业，13 人自主创业，画出饼图表示之。

7. 已知某地区 2009 年 1 ~ 12 月份的平均房价（单位：元）为 7500，7590，7590，8000，8200，8500，9000，9100，9300，9600，10200，10400，请绘曲线图表示。

8. 画出心形线 $r = 2(1 + \cos\theta)$ 的图形。

9. 画出摆线 $x = 2(t - \sin t), y = 2(1 - \cos t), 0 \leqslant t \leqslant 2\pi$ 的图形。

10. 在圆域 $x^2 + y^2 \leqslant 1$ 上画出上半球面 $z - \sqrt{1 - x^2 - y^2}$ 的图形。

11. $[-1, 1]$ 上画 $z = xe^{-x^2}$ 的图形。

12. 画出椭球面 $\dfrac{x^2}{1} + \dfrac{y^2}{4} + \dfrac{z^2}{12} = 1$ 的图形。

13. 在矩形域 $[-2, 2] \times [-2, 2]$ 区域上画出函数 $z = xe^{-(x^2+y^2)}$ 的图形。

14. 为探测一河床横断面结构，在河面上等距离测量河床深度如下，试绘曲线图表示。

距 离/m	0	10	20	30	40	50	60	70	80	90
测量 1	0	2.51	8.54	15.60	28.92	20.64	10.53	30.24	15.00	0
测量 2	0	1.81	9.04	16.70	26.99	18.98	11.36	32.56	12.08	0
测量 3	0	2.02	7.87	14.68	27.87	21.86	12.84	28.43	16.00	0

第二篇 MATLAB 程序设计与实验

在前面我们可以看到,MATLAB 提供了许多命令可以完成计算、绘图等任务。现有两个问题:一是这些命令的功能是如何实现的？或者说我们能否了解甚至编制这样的命令？二是 MATLAB 提供的命令是非常有限的,对于某些较为复杂的问题又该如何解决呢？这两个问题我们都应该能够回答,其本质就是要学习和掌握运用 MATLAB 的编程语言编制程序。

MATLAB 软件不但可以以命令行的方式完成操作,而且和大多数程序设计语言一样具有数据结构、结构控制语句、输入输出语句和面向对象编程的能力,适用于各种应用程序设计。

MATLAB 程序(又称为 M 文件)有两种形式:一种是可直接运行的命令文件,另一种是可供调用的函数文件。这两种文件的扩展名相同,均为".m",故称为 M 文件。本篇通过两个实验简单地介绍 MATLAB 语言编程的主要语法规则和编程方法。

实验 3

MATLAB 编程介绍与循环结构

3.1　MATLAB 编程介绍

MATLAB 程序编辑是在编辑窗口（MATLAB Editor/Debugger）进行，程序运行结果或错误信息则显示在命令窗口（Command Windows）。

用 MATLAB 语言编写的程序称为 M 文件。M 文件有两种形式：一种是命令文件，另一种是函数文件（function file）。命令文件仅由 MATLAB 命令组成，不接受参数的输入和输出，每次只需要键入文件名就可以运行命令文件中的所有代码。函数文件在后面将专门介绍。

3.1.1　M 文件的建立、打开与运行

1. 建立新的 M 文件

（1）打开程序编辑窗口：点击 MATLAB 命令窗口工具条上的 New File 图标，或点击命令窗口中的［**File**］菜单，点击选项中的 **New**，选择 **M-file**，就可打开 MATLAB 程序编辑窗口（MATLAB Editor/Debugger），用户可在窗口中输入、编辑程序。

（2）保存程序：在程序输入过程中或程序输入完成后，点击工具条上的 **Save** 图标，或点击［**File**］菜单下的 **Save**，在弹出的窗口中输入自己定义的文件名，点击［保存］保存文件。此时，程序被保存在默认路径指定的 work 文件夹中（初学者最好不要改变这个路径，避免添加路径步骤），保存后的文件名自动加上". m"后缀，即为 M 文件。

注意：

（1）**文件名是要以字母开头中间不含空格和标点符号的字符串**；不能用汉字、数字和专用变量名作为文件名，如 1,11,pi,ans,eps 等。

（2）程序通常保存在文件夹：\MATLAB7\Work 中，此路径为 MATLAB 的

默认路径。

（3）程序若要存放到桌面或其它文件夹中，则需要在命令窗口设置 Current Directory 为桌面或其它文件夹，否则程序不能被执行。

2. 打开已有的 M 文件

打开已有的 M 文件有两种方法。

方法一：从 MATLAB 命令窗口或编辑窗口的 file 菜单中左键点击 open，在出现的对话框中选中需要打开的 M 文件，左键双击。

方法二：在 MATLAB 命令窗口键入：edit 文件名，则可打开指定的 M 文件。

注意：对打开的 M 文件编辑、修改后，应保存后再运行。

3. 运行 M 文件

运行 M 文件有以下两种方法。

方法一：在 MATLAB 编辑窗口中对正在编辑的 M 文件，保存后可直接点击工具条上的 **Debug** 中的 **Run** 命令（或按 F5 键），即可运行当前程序。其运行结果或信息显示在命令窗口，此时，用户可以切换到命令窗口进行查看，之后可回到编辑窗口对程序进行修改，重新保存再次运行。

方法二：在 MATLAB 命令窗口中直接输入文件名回车，即可运行相应的 M 文件。其运行结果或程序运行中的错误信息等显示在命令窗口，此时，用户若要修改程序则可以切换到编辑窗口进行修改，修改后重新保存。

注意：当对程序进行修改保存时，当前程序将覆盖原来程序，此时若要想保存为另外的文件，则要点击工具条上[**File**]菜单，选择 Save as..，另取文件名保存即可。

3.1.2　MATLAB 程序的基本结构

程序是使计算机实现某一类功能任务的命令集。MATLAB 提供了三种基本的程序结构：顺序结构、循环结构和选择结构。因此，MATLAB 中除了按正常顺序执行程序中的命令和函数以外，有多种控制程序流程的语句，这些语句包括 for，while，if，switch，try，continue，break，return 等。用户编制程序时，需要按照解决问题的逻辑步骤和求解算法，用 MATLAB 提供的这些语句和函数，按照三种基本结构逐条编写。一般一行一条语句，以便于调试和查找错误。

程序一般包含三个部分：数据输入、数据处理和结果输出。其中数据处理部分是核心，主要是根据处理问题的逻辑步骤，采用循环迭代、判断推理、分步计算等来解决问题。

3.1.3　M 文件中的输入、输出方式

M 文件中变量的输入、输出方式同前面所讲的命令窗口中的输入、输出方式基本相同,具体如下。

1. 输入方式

(1)程序中直接赋值

x＝2;　　　　　　　　　　%输入单个值
a＝[1,2,3;4,5,6;7,8,0];%输入矩阵(a 为 3 阶方阵)
s＝'Any string!';　　　　%输入字符串

(2)程序运行时赋值

格式:　　　　　　　　　　变量 = **input**('提示符号串');

功能:从键盘接收数据并赋予等号左边变量。其中'提示符号串'是在命令窗口中的提示。如:

x＝input('x＝');
y＝input('*Please input y＝*');　　　%提示语句输入

当执行到此语句时,暂停程序运行,在命令窗口中光标将停留在提示符号串后闪烁,等待从键盘接收数据。用户从键盘输入数据并按回车键确认,继续程序运行。其优点是,每次运行可以输入不同数据,实现人机对话。

2. 输出方式

(1)直接输出

x　　　　　　　%变量后无分号";",变量直接输出
disp([a]);　% a 可以是标量、向量、矩阵

(2)格式控制输出

格式:　　　　　　**fprintf**('$x＝$%.3f $y＝$%.0f\n', a,b);　　%按指定格式输出

其中,单引号内为格式说明符:**%**前为提示符,**%.3f** 为数据格式符,通常与单引号后面的数据相对应,**f** 指显示一实数,**.3** 表示显示的数小数点后 3 位,小数点前整数部分不限。**%.0f** 指显示一实数其小数部分显示 0 位,结果只显示整数部分。**\n** 为换行命令符,即一行显示结束后,光标自动换到下一行。**a,b** 为要显示的变量,它们与前面的格式符相对应。

例如:　　　　　　**fprintf**('$x＝$%.5f $y＝$%.0f\n', pi, sqrt(2));
结果为:　　　　　　*x＝3.14159　y＝1*

fprintf($'$x＝%.5f　y＝%.0f\n$'$, sqrt(2) ,pi)；

结果为：　　　$x＝1.41412$　$y＝3$

3.2　MATLAB 循环结构与应用

循环结构是 MATLAB 程序中最常用的结构之一，它是让计算机按照一定的条件多次重复执行某一命令集，从而实现诸如累加、迭代、分层计算等功能。MATLAB 软件提供了两种循环结构：**有限次循环 for-end 结构**和**条件循环 while-end 结构**。

3.2.1　有限次循环(for - end)结构

格式：　　　**for** n ＝n1 ：step ：n2
　　　　　　　　commands-1
　　　　end
　　　　commands-2

其中 n 为循环变量，n1 为起始值，step 为步长，n2 为结束值；commands-1 为循环体(循环模块)，commands-2 为后续命令。

作用：循环变量 n 从 n1 开始，执行 commands-1，遇到 end 时 n 自动增加 step 步长，同时与 n2 比较，当 n 不超过 n2 时重复执行 commands-1；当 n 超过 n2 时转向执行 commands-2。当步长为 1 时，格式中 step 可以省略，即为 for n＝n1 ：n2 格式。在设计 for - end 循环结构时，应在循环模块内充分利用循环变量的变化规律，开展相关的运算。另外，结构中 for 与 end 要成对出现。

例 3 - 1　求 $n(n＝100)$ 个奇数的和：$s＝1＋3＋5＋\cdots＋(2n－1)$。

分析：这是一个逐个累加求和的过程，首先置 $s＝0$，然后从 1 开始进行累加，将 s 更新为累加下一个奇数之后的和，依次类推，直到累加到第 n 个奇数。因此，使用循环结构来实现。

程序：

```
clear;clc;              %清除内存变量,清理命令窗口
n=100;                  %赋值给定奇数的个数
s=0 ;                   %设定存放和的变量 s 并赋初值 0
for i=1:n               %定义循环变量 i 从 1 到 n,以 1 为步长,即为奇数序号
    s=s+(2*i-1);        %先计算右端奇数并累加后再赋给左端的变量 s
    fprintf('i=%.0f, s=%.0f\n',i,s)   %逐行显示出累加求和的过程
```

```
    end                    ％循环结构结束
```

编写完成后存盘(取名 liti31)并运行,结果如下:

　　　　　⋮

$i = 97$,$s = 9409$

$i = 98$,$s = 9604$

$i = 99$,$s = 9801$

$i = 100$,$s = 10000$

[进一步问题]请读者考虑:是否可以

(1) 直接用从 1 开始的奇数作为循环变量?

(2) 不需要显示求和过程,只显示最后结果?

如果可以,请修改上述程序(liti31.m)并运行。

例 3 - 2　　求正整数 n 的阶乘:$p = 1 \times 2 \times 3 \times \cdots \times n = n!$,并求出 $n = 20$ 时的结果。

分析:这是一个逐次乘积的过程,从 1 开始存放在积 p 中,再乘以下一个正整数之后再取代积 p,依次类推,直到乘至第 n 个数。因此,使用循环结构来实现。

程序:

```
clear;clc;                 ％清除内存变量,清理命令窗口
n＝20;                     ％赋值给定正整数
p＝1;                      ％设定存放阶乘的变量 p 并赋初值 1
for i＝1:n                 ％定义循环变量 i 从 1 到 n,以 1 为步长,即连续正整数
    p＝p＊i;               ％先计算右端乘积后再赋给左端的变量 p
    fprintf('i＝％.0f, p＝％.0f\n',i,p)    ％逐行显示出 i!
end                        ％循环结构结束
```

编写完成后存盘(取名 liti32)并运行,结果如下:

　　　　　⋮

$i = 17$,$p = 355687428096000$

$i = 18$,$p = 6402373705728000$

$i = 19$,$p = 121645100408832000$

$i = 20$,$p = 2432902008176640000$

[进一步问题]是否可以考虑利用 input 命令对 n 进行赋值,随时改变其大小。如果可以,请修改上述程序(liti32.m)并运行。

例 3 - 3　　根据麦克劳林公式可以得到 $e \approx 1 + 1 + 1/2! + 1/3! + \cdots + 1/n!$,

试求 e 的近似值。

分析：这个问题可以分解为，从 1 开始的正整数阶乘的倒数和的累加运算，累加结果存放在初始值为 1 的变量中。因此，对例 3-2 的程序 liti32.m 进行修改来实现。

程序：

```
clear;clc;            %清除内存变量,清理命令窗口
n=10;                 %赋值给定正整数
p=1;                  %设定存放阶乘的变量 p 并赋初值 1
s=1;                  %设定存放累加和的变量 s 并赋初值 1
for i=1:n             %定义循环变量 i 从 1 到 n,以 1 为步长
    p=p*i;            %先计算右端乘积后再赋给左端的变量 p,此时 p 为 i
                        的阶乘
    s=s+1/p;          %先计算右端阶乘倒数的累加后再赋给左端的变量 s
    fprintf('i=%.0f, s=%.8f\n',i,s)     %逐行显示出第 i 次 e 的近似值
end                   %循环结构结束
```

编写完成后存盘（取名 liti33）并运行，结果如下：

　　　⋮

$i=7, s=2.71825397$

$i=8, s=2.71827877$

$i=9, s=2.71828153$

$i=10, s=2.71828180$

[进一步问题] 如何有效地控制 e 的近似值的精度，或者说如何修改程序使其根据近似值的精度要求自动控制循环次数？

3.2.2　条件循环(while-end)结构

格式：
```
          while (conditions)
              commands-1;
          end
          commands-2;
```

作用：当条件 conditions 成立即条件为真时，执行 commands-1，当遇到 end 时，自动检测条件；当条件 conditions 不满足时，转向执行 commands-2。在设计 while-end 循环结构时，应在循环模块内有改变 conditions 的内容，确保在执行了一定次数之后可以结束循环；否则，就成了"死循环"，即无限次重复执行循环。另

外,结构中 while 与 end 要成对出现。

例 3 - 4　对于数列$\{\sqrt{n}\}$, $n = 1, 2, \cdots$,求当其前 n 项和不超过 1000 时的 n 的值及和的大小。

分析:这个问题就是求不等式 $s = \sqrt{1} + \sqrt{2} + \cdots + \sqrt{n} \leqslant 1000$ 的关于 n 的整数解,而和 s 为从 1 开始的连续正整数开方的累加。因此,运用循环结构来实现,但每次累加前要判断大小。

程序:

```
clear;clc;              %清除内存变量,清理命令窗口
n=0;                    %设定正整数并赋初值 0
s=0;                    %设定存放累加和的变量 s 并赋初值 0
while    s<=1000        %用累加和 s 与 1000 进行比较作为循环条件
    n=n+1;              %改变 n 为连续正整数
    s=s+sqrt(n);        %先计算右端开方数的累加后再赋给左端的变量 s
    fprintf('n=%.0f, s=%.4f\n',n,s)  %逐行显示正整数及部分和
end                     %循环结构结束
```

编写完成后存盘(取名 liti34)并运行,结果如下:

$$\vdots$$

$n = 129$, $s = 982.2469$

$n = 130$, $s = 993.6487$

$n = 131$, $s = 1005.0942$

[进一步问题] 从结果上可以看到,最后一行的结果并不是我们所要求解的答案,而倒数第二行则是所求问题的解。这是为什么? 如何修改程序来避免这种情况?

例 3 - 5　根据 $e \approx 1 + 1 + 1/2! + 1/3! + \cdots + 1/n!$ 求 e 的近似值,要求精确到 10^{-8}。

分析:这个问题是例题 3 - 3 的延续,这里不能给定 n 的大小,但注意到第 n 次近似值和第 $n-1$ 次近似值的差: $e_n - e_{n-1} = 1/n!$。要求精确到 10^{-8},则需要 $e_n - e_{n-1} = 1/n! < 10^{-8}$,因此,可以以此为条件运用条件循环来实现。

注意:在 MATLAB 中 10^{-8} 用 1.0e-8 来表示。

程序:

```
clear;clc;              %清除内存变量,清理命令窗口
p=1;                    %设定存放阶乘的变量 p 并赋初值 1
```

```
s=1;                    %设定存放累加和的变量s并赋初值1
r=1;                    %设定前后两次近似值的误差r并赋初值1
k=0;                    %设定构造连续正整数的变量k赋初值0又为循环次数
while r>=1.0e-8         %当近似值的精度r没达到10⁻⁸时继续循环
    k=k+1;              %累计循环次数并作为下一个正整数k
    p=p*k;              %计算k的阶乘p
    r=1/p;              %计算前后两次近似值的误差r
    s=s+r;              %计算e的近似值s
    fprintf('k=%.0f, s=%.10f\n',k,s)      %逐行显示出第k次e的近似
                                             值s
end                     %循环结构结束
```

编写完成后存盘(取名 liti35)并运行,结果如下:

　　⋮

k=9 , s=2.7182815256

k=10 , s=2.7182818011

k=11 , s=2.7182818262

k=12 , s=2.7182818283

3.3　MATLAB 选择结构

顺序结构和循环结构是 MATLAB 编程中最常见的程序结构形式,在一般程序中大量存在。但在求解实际问题时,常常要根据问题求解的实际情况,对不同的结果分别进行不同的处理,这就要求在编程过程中使用选择结构。同时,利用选择结构可以实现对程序流或循环结构进行有效的控制,根据需要方便地终止和中断程序流。

3.3.1　单项选择判断(if-end)结构

格式:　　　　**if**（condition）

　　　　　　　　commands-1;

　　　　　　　end

　　　　　　　commands-2;

作用:若条件 condition 成立,则执行 commands-1,再顺序执行 commands-2;否则,跳过 commands-1,直接执行 commands-2.

例 3 - 6　计算分段函数的值。

程序：

```
x＝input('请输入 x 的值：')
if x＜＝0
    y＝－5；
else
    y＝x * exp(x)；
end
```

例 3-7　给定一组数，找出其中最大的数。

分析：这是一个求 n 个实数 $a = [a(1), a(2), \cdots, a(n)]$ 中最大（最小）数的问题。首先可以假设最大数 $M = a(1)$，再从第二个数到最后一个数分别同 M 比较，取较大者为 M。因此，可运用循环加判断结构编制程序来实现。

程序：

程序	注释
a＝input('请输入一组数 **x**(用中括号括起来)：')	％由键盘输入给定的一组数
n＝length(a)；	％获取数组的长度即元素的个数 n
M＝a(1)；	％将第一个元素作为最大值赋值给 M；
for i＝2：n	％从第二个元素到最后一个元素依次进行
if a(i)＞M	％比较后续元素与目前最大值 M 的大小
M＝a(i)；k＝i；	％将数值较大的元素赋值给 M，同时保留位置 i
end	％选择结构结束
end	％循环结构结束
M	％输出最大数

3.3.2　多项选择判断(if-else-end)结构

格式：

```
if (condition1)
    commands-1；
elseif (condition2)
    commands-2；
else
```

　　　　　　　commands-3；

　　　　end

　　　　commands-4；

作用：若条件 condition1 成立，则执行 commands-1，再转向 end，顺序执行后续的命令 commands-4；否则判断条件 condition2 是否成立，若成立，则执行 commands-2，再转向 end 执行后续的命令；若条件 condition1 和条件 condition2 均不成立，则执行命令集 commands-3，再顺序向下执行。

　　例 3-8　编写一个函数，将百分制成绩转换为优(A)，良(B)，中(C)，差(D)四等级。

　　分析：按照通常的等级划分，一般 90～100 分为优，78～89 分为良，60～77 分为中，60 分以下的为差，因此，可以用多项选择判断结构来实现。

　　程序：

fs＝input('请输入分数 fs：')；　　　　　%由键盘输入百分制分数
if fs＞＝90　　　　　　　　　　　　　%判断分数 fs 是否处在优秀级别上
　　jb＝' A '；　　　　　　　　　　　　%定义为 A 级
elseif fs＞＝78　　　　　　　　　　　　%判断分数 fs 是否处在良好级别上
　　jb＝' B '；　　　　　　　　　　　　%定义为 B 级
elseif fs＞＝60　　　　　　　　　　　　%判断分数 fs 是否处在合格级别上
　　jb＝' C '；　　　　　　　　　　　　%定义为 C 级
else　　　　　　　　　　　　　　　　%分数 fs 不处于以上任何级别上
　　jb＝' D '；　　　　　　　　　　　　%定义为 D 级
end　　　　　　　　　　　　　　　　%选择结构结束

实验 3 上机练习题

1. 使用 for 循环求 $\sum_{n=1}^{20} \dfrac{n^2+3n}{2n+1}$ 。

2. 编写程序，通过键盘输入一组数，找出其中的最大数和最小数。

3. 编写程序，通过键盘输入一个常数，判别其为奇数还是偶数。

4. 斐波那契数列，又称黄金分割数列，指的是这样一个数列：1，1，2，3，5，8，13，21，…，该数列满足：$F_n=F_{(n-1)}+F_{(n-2)}$ （$n\geqslant 2, n\in N*$），且 $F_0=1, F_1=1$，试分别用 for 循环和 while 循环语句指令编程，找出该数列中小于 10000 的最大数，并指出该数是数列的第几项。

实验 4
MATLAB 函数文件与程序流程的控制

4.1 MATLAB 函数文件

若某一功能的程序段需要反复使用,或者有一些控制参数在程序运行时需要调整,这时使用 MATLAB 函数功能更为方便,为此需要建立相应的 MATLAB 函数文件。

4.1.1 函数文件的基本结构

函数文件由 function 语句引导,其基本结构为:

function [输出参数表]=函数名(输入参数表)

% 注释说明部分(可以多行)

命令语句

例 4 – 1 编写函数文件,求半径为 r 的球的体积和表面积。

程序:

function [V,S]=fsphere(r)

  % 计算球体积和表面积

  % r 为球半径

  % V 为球体积

  % S 为球表面积

  V=(4 * pi * r^3)/3;

  S=4 * pi * r * r;

编写完成后以文件名 fsphere 存盘。此时,MATLAB 函数库中多了个函数 fsphere. m,若欲求半径为 4 的球体体积和表面积,只需在命令窗口键入:[V,S]=fsphere(4),回车即可。

注意:

(1)以 function 开头的一行为引导行,表明该 M 文件是一个函数文件;

(2)函数名的命名规则与变量名相同；

(3)多个输入(出)参数用逗号分隔，当输出参数只有一个时，可不用中括号；

(4)当函数无输出参数时，输出参数项空缺(等号也省略)；

(5)函数文件保存时默认文件名为"函数名"，不要修改，直接保存即可。

4.1.2　函数文件的调用

函数文件可以在命令窗口直接调用，也可以在程序中调用。调用的一般格式为：

[输出参数表]＝函数名(输入参数表)

注意：

(1)函数调用时各参数出现的顺序、个数，应与函数定义时一致；

(2)调用函数文件时，要确保各输入参数有定义；

(3)函数可以嵌套调用，即一个函数可以调用别的函数，也可以调用其自身。一个函数调用其自身，称为函数的递归调用。

例 4 - 2　编制函数文件，调用该文件求任给的有限数组 $a＝[a(1),a(2),\cdots,a(n)]$ 中数值最大的元素 M 以及所在位置 k。

首先编写函数文件：

```
function  [M,k]＝findM(a)    %定义函数 findM，输入数组 a，返回最大元素
                             M 及位置 k
n＝length(a)；               %获取数组的长度即元素的个数 n
M＝a(1)；k＝1；              %将第一个元素作为最大值赋值给 M，位置
                             为 1；
for i＝2:n                   %从第二个元素到最后一个元素依次进行
  if  a(i)＞M                %比较后续元素与目前最大值 M 的大小
     M＝a(i)；k＝i；         %将数值较大的元素赋值给 M，同时保留位
                             置 i
   end                       %选择结构结束
 end                         %循环结构结束
```

编写完成后以文件名 findM 存盘。

然后编写命令文件，或者直接在命令窗口输入一组数，调用该文件即可得到输入数组中的最大数和所在位置。

```
a＝[1,2.2,pi,－0.8,3.2,0]；     %任意给定一数组
[M,k]＝findM(a)                 %调用函数 findM
```

运行结果：

$M = 3.200$

$k = 5$

例 4 - 3　利用函数的递归调用求 $n!$，并计算 $\sum\limits_{i=1}^{15}(\dfrac{1}{n!}+2n)$。

首先编写求阶乘的函数文件：

function　c＝jiecheng(n)　　％定义函数 jiecheng，输入自然数 n，返回 n 的阶乘 c

if n<＝1

　　　c＝1;

else

　　　　　c＝ jiecheng(n－1) * n;　　　　　　％递归调用函数 jiecheng(n－1)求

　　　　　　　　　　　　　　　　　　　　　　　n－1的阶乘

　　end

编写完成后以文件名 jiecheng 存盘。

然后编写命令文件 liti43. m 计算 $\sum\limits_{i=1}^{15}(\dfrac{1}{n!}+2n)$。程序如下：

s＝0;

for n＝1:15

s＝s＋(1/jiecheng(n))＋2 * n;

end

s

编写完成后以文件名 liti43 存盘，并运行，结果如下：

s ＝

　241.7183

4.2　MATLAB 程序流程控制

在编写程序过程中，根据问题求解的要求，往往需要在一定条件下跳出当前循环，或终止程序运行，或暂停程序运行等，这也就是在编制程序过程中对程序流程进行控制。除前面已介绍的之外，MATLAB 软件还提供了流程控制语句：**break**，**return** 和 **pause** 等。

4.2.1　break 语句

break 语句导致包含 break 指令的最内层 while 或 for 循环的终止。通常是根据循环内部另设的某种条件是否满足来决定是否跳出循环，因此，常和 if 判断一起使用。在很多情况下,这样做是十分必要的。

格式:　　　　　　　　while（conditions-1）

　　　　　　　　　　　…

　　　　　　　　　　　if（conditions-2）

　　　　　　　　　　　　break;

　　　　　　　　　　　end

　　　　　　　　　　　…

　　　　　　　　　end

　　　　　　　　　commands;

作用:当执行到 if 模块且条件 conditions-2 为真时,执行 **break** 语句,程序则跳出当前 while 循环,直接执行循环结构外的 commands。

4.2.2　return 语句

return 语句导致程序终止运行,其结果对普通程序是提前结束运行,对于函数命令程序则是结束该函数程序,并返回到调用函数处。该语句通常和 if 判断一起使用。

格式:

　　　　　　　　　　　⋮

　　　　　　　　　　if（conditions）

　　　　　　　　　　　return;

　　　　　　　　　　end

　　　　　　　　　　　⋮

作用:当执行到 if 模块且条件 conditions 为真时,执行 **return** 语句,程序则被终止,提前结束程序的运行。

4.2.3　pause 语句

pause 语句使程序运行暂停,等待用户按任意键继续。pause 语句在程序调试或查看中间结果时经常使用,它有两种用法。

(1)直接使用:**pause**。

作用:程序执行此语句时,暂停执行程序,等待用户从键盘按任意键继续运行。

(2)使用按时间暂停形式:**pause(n)**(其中 n 为暂停时间秒数)。

作用:程序执行此语句时,暂停 n 秒后继续执行程序,这里 n 为正的小数或整数,代表暂停时间。它通常可以用来放慢程序运行展示内部过程,可实现动画效果。

例 4 - 4　Fibonacci 数组的元素满足 Fibonacci 规则：

$$\{a_n\}:a_1 = a_2 = 1, \quad a_{k+2} = a_k + a_{k+1}, k = 1, 2, \cdots$$

求出该数组中第一个大于 10000 的元素。

分析：这是一个按递推公式所生成的序列，每个元素为其前两个元素之和，数列增加很快。因此，通过循环结构来逐步生成数列的元素，并同时和 10000 比较，超过时终止循环。

程序：

```
n=100;                 %给定一个较大的 n 作为数列的位置
a=[1,1];               %设定数列的初始值
for i=3:n              %从第 3 个元素开始循环递推生成后续元素
  p=a(i-1)+a(i-2);     %前两个元素之和生成后续元素 p
  a=[a,p];             %将刚产生的元素 p 放置到数组 a 的最后，拼接
                          成新的数组
  if p>10000           %判断将刚产生的元素 p 是否超过 10000
     break;            %跳出所在的 for 循环
  end                  %选择结构结束
end                    %循环结构结束
disp([a])              %显示所生成的数列，最后一个元素 a(length
                          (a))为所求的元素
```

编写完成后存盘（取名 liti44）并运行，结果如下：

1　1　2　3　5　8　13　21　34　55　89　144　233　377　610
987　1597　2584　4181　6765　10946

例 4 - 5　动态显示数列极限 $a_n = (1 + \dfrac{1}{n})^n \to e(n \to \infty)$ 的逼近过程。

分析：这是一个重要极限，当 n 越来越大时，数列单调增加趋近于 e。因此，利用循环结构，让 n 从 2 开始逐步增加，每次计算数列的值并画出相应的坐标点，放慢逼近过程进行动态显示。

程序：

```
clear;clf;             %清除内存变量，清理图形窗口
hold on                %开启图形保持功能以便重复画点
axis([0,150,2,2.8]);   %设置坐标窗口
grid                   %画出坐标网格
for n=2:2:150          %让 n 从 2 开始，建立循环
```

```
an＝(1+1/n)^n;                    %计算数列的值
plot(n,an,'r.','markersize',15);    %画出相应的坐标点,点的大小为 15
pause(0.1);                       %暂停 0.1 秒后开始下一循环
fprintf('n＝%d an＝%.4f\n',n,an);    %显示出每次结算结果(在命令
                                                    窗口中)
end                            %循环结构结束
```

编写完成后存盘(取名 liti45)并运行,结果如图 4.1 所示。

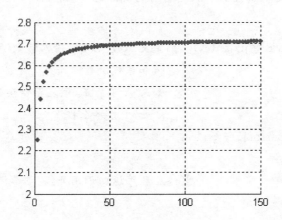

图 4.1　重要极限逼近结果及图示

运行结果:

⋮

$n＝140$　$an＝2.7086$

$n＝142$　$an＝2.7088$

$n＝144$　$an＝2.7089$

$n＝146$　$an＝2.7090$

$n＝148$　$an＝2.7092$

$n＝150$　$an＝2.7093$

4.3　简单问题应用举例

有了上面的 MATLAB 编程介绍,我们就可以对一些较为复杂的问题进行编程求解实验,也可以根据需要编制函数文件,以便调用。

问题 1:对于数列 $\{a_n\}$: $a_{n+1}=\dfrac{1}{2}(a_n+\dfrac{A}{a_n})$ $(n=0,1,2,\cdots)$, $a_0>0, A>0$

为常数,可以证明该数列收敛,且 $\lim\limits_{n\to\infty}a_n=\sqrt{A}$。显然,这个结论提供了一个求平方根 $\sqrt{A}$ 的近似方法,试编制一个函数程序,对任意给定的正实数 A,求出 $\sqrt{A}$ 的近似值(精确到 10^{-5})。

分析:任取一个正数 a_0,比如取 $a_0=1$,再利用递推公式 $a_{n+1}=\dfrac{1}{2}(a_n+\dfrac{A}{a_n})$ 计算 $a_n(n=1,2\cdots)$。a_n 可作为 $\sqrt{A}$ 的近似值。a_n 的计算可能过循环迭代来实现,前后两次迭代值的差的绝对值小于 10^{-5} 可作为循环的终止条件。

程序:

```
function [a1,k]=jixian(A)      %定义函数 jixian,输入常数 A,返回极限近似
                                  值和迭代次数
if A<=0                        %如果 A 不为正,则显示错误信息且 a1=-1,
                                  k=-1 并终止程序
  disp('data error!');
  a1=-1;k=-1;
  return                       %终止程序返回调用处
end
a0=1; k=0;                     %给定数列的初始值 a0 和累计循环的变量 k
r=1;                           %设定存放相邻两次迭代值差的绝对值,赋初值 1
while r>=1.0e-5                %当误差没达到 10⁻⁵ 时继续循环
  k=k+1;                       %循环次数累加一次
  a1=(a0+A/a0)/2;              %计算下一个元素 a1
  r=abs(a1-a0);                %计算前后两次迭代值差的绝对值,存放在 r 中
  a0=a1;                       %将 a1 赋给 a0 作为新的初值,迭代下一个元素
  fprintf('k=%.0f a1=%.8f\n',k,a1)    %显示每次迭代结果
end                            %循环结构结束
```

编写完成后以文件名 jixian 存盘。此时,MATLAB 函数库中多了个函数 jixian.m,可进行调用,其功能类似于 MATLAB 函数 **sqrt**。

若要计算 $\sqrt{2}$ 的近似值,只需在命令窗口键入:

```
[g,k]=jixian(2)               %调用函数 jixian
    k=1 a1=1.50000000
    k=2 a1=1.41666667
```

$k=3$ $a1=1.41421569$

$k=4$ $a1=1.41421356$

$g=1.4142$

$k=4$

问题 2:对于任意一个正整数,都可以判断其是质数还是合数,这在有关数论问题中是经常用到的。但当一个正的奇数比较大时,手工来判断是否为质数往往不很容易。是否可以编制一个函数程序,对任意一个正整数,判断出它是质数还是合数,若是质数,则返回值 1;若是合数,返回值 0,同时给出两个因数;若输入非正数,则返回值-1,并提示错误。

分析:如果一个正整数 M 只能被 1 和它自身整除,那么它就是质数。换句话说,如果正整数 M 能被 2 到 $M-1$ 之间任意一个整数 m 整除(设商为 n),它就是合数,此时,$M=m\times n$。这样我们就找到了一个正整数是质数还是合数的判断方法。但实际实验发现当 M 很大时,由于 2 到 $M-1$ 之间的整数也很多,从而判断计算量很大,运行速度慢。那么,能否对算法加以改进,提高运行速度呢?

事实上,如果 M 为合数,则 $M=m\times n$,这里 $2\leqslant m,n\leqslant M-1$,如 $32=2\times 16,32=4\times 8,32=8\times 4,32=16\times 2$。不难发现,$m$、$n$ 从某一个值开始交替出现,从而在实际判断时,只需要考虑 $m\leqslant n$ 的情形,此时容易证明:$2\leqslant m\leqslant\sqrt{M}$。所以,只要判断当 M 不能被从 2 到 fix(sqrt(M)) 中任何一个整数整除时,M 即为质数;否则,为合数,此时计算量大为减少。所以,在进行数学实验问题求解时,算法的改进优化是非常重要的一项工作。

编程:

```
function k=hezhishu(M)              %定义函数 hezhishu,输入正整数 M,返
                                      回合质数的标志 k
k=1;                                %赋数 k 初值为 1,默认为质数
if M<=1
    disp('data error!');k=-1;       %输入的数非合质数时,输出错误信息
    return                          %程序终止,返回
end
if M>=4                             %输入的数 M 从 4 开始,2,3 为质数
    for  m=2:fix(sqrt(M))           %从 2 到[√M]开始循环
        if mod(M,m)==0              %M 被 m 整除,即 M 为合数
            k=0;                    %赋数 k 为 0,表示 M 为合数
```

```
            fprintf('%.0f=%.0f×%.0f\n',M,m,M/m)    %显示 M=m×n
            break                    %循环终止
        end
    end
end
```

编写完成后以文件名 hezhishu 存盘,可进行调用,其功能是判断合质数。在命令窗口中试运行如下:

> ▶ k＝hezhishu(1259)　　　　　%调用函数 hezhishu
> ◀ *k = 1*　　　　　　　　　　%表明 1259 为质数

> ▶ k＝hezhishu(1159)　　　　　%调用函数 hezhishu
> ◀ *1159 ＝19×61*
> ◀ *k = 0*　　　　　　　　　　%表明 1159 为合数

> ▶ k＝hezhishu(−8)　　　　　　%调用函数 hezhishu
> ◀ *data error*!
> ◀ *k = −1*　　　　　　　　　%表明输入数据错误

问题 3: 设某建筑公司要筹建 A、B、C 三种类型的楼房。已知每栋楼房的投资和售价分别为:A 类投资 90 万,售价 115 万;B 类投资 110 万,售价 150 万;C 类投资 170 万,售价 205 万。现在该公司有资金 1250 万,要求每类楼房至少建一栋,最多不超过 5 栋,那么如何设计建楼方案,在资金充分利用的前提下能获得最大利润?

分析:这是一类典型的投资决策优化问题,常出现在资金管理、资源分配、货物装载等问题中。就本问题而言,所有可能的建楼方案最多为 $5×5×5＝125$ 种,数量不是很大。因此,可以考虑"穷举法"。即在所有建楼的方案中,找出投入资金不超过总资金的有效方案。并求出每一种有效方案所获得的利润,再找出利润最大的建楼方案。对于一般的决策优化问题,其求解方法可以参看实验 10。

编程:

```
clear;clc;
t=[90,110,170];            %楼房的投资单价向量
p=[115,150,205];           %楼房的售价向量
z=1250;                    %总资本
r=p−t;                     %楼房的利润向量
D=[];k=0;                  %D 为存放方案及利润的结果矩阵,k 为行标
```

```
for a=1:5                     % a 为 A 类楼房的数量
  for b=1:5                   % b 为 B 类楼房的数量
    for c=1:5                 % c 为 C 类楼房的数量
        f=[a,b,c];            % f 为建楼方案即各类楼房数量向量
        if f * t'<=z          % 计算 f 方案投资额度,如果投资允许,方案有效
          zr=f * r';          % 计算 f 方案的利润
          k=k+1;              % 结果矩阵的行数加 1
          D(k,:)=[f , zr];    % 方案及利润的结果存放矩阵 D 的 k 行
        end
    end
  end
end
[R, I]=max(D( : ,4));         % 求出矩阵 D 第 4 列(利润)中最大值所在的
                                行 I
disp([D(I, :)])               % 显示出矩阵 D 的第 I 行,前三列即为建楼最
                                优方案
```

编写完成后存盘(取名 juece)并运行,结果如下:

▶ juece   % 执行程序 juece

◀ 4   5   2   370   % 方案为 A:4   B:5   C:2,利润 370 万

问题 4: 设 $A_0(0,0)$ 为一导弹发射点,发现位于 $B_0(0,100)$ 处一架敌机沿水平方向逃离(见图 4.2),随即发射一枚导弹予以打击。现已知导弹时刻对准敌机,且速率为飞机速率 v 的两倍(设飞机速度为 1)。试编程模拟导弹打击敌机的动态过程,并实时给出飞机和导弹的位置坐标。如果敌机飞行 60 单位距离之外即逃出我方空域,那么,要想在我方空域内击落敌机,则导弹的速度至少应提高到敌机速度的多少倍?

分析:这是一个典型的追击问题,模拟其追击过程就是将整个追击过程离散化,即以 dt 为时间间隔,飞机一步一步地移动,导弹则一步一步地追击,如此持续直到二者之间的距离足够小为止。这时,我们可以根据条件和追击规律,实时计算出飞机和导弹的位置。

假定敌机从 B_0 点飞行到 B_1 点,导弹则沿向量 $\overrightarrow{A_0B_1}$ 追击到 A_1 点;此时敌机又飞行到 B_2 点,导弹则沿向量 $\overrightarrow{A_1B_2}$ 追击到 A_2 点;以此类推,直到二者之间的距离足够小。此时,飞机的位置坐标和导弹的位置坐标根据向量的运算方法:

$$\overrightarrow{OB_1} = \overrightarrow{OB_0} + \overrightarrow{B_0B_1} = \overrightarrow{OB_0} + vdt\boldsymbol{i}$$

$$\overrightarrow{OB_2} = \overrightarrow{OB_1} + \overrightarrow{B_1B_2} = \overrightarrow{OB_1} + vdt\boldsymbol{i}$$

$$\vdots$$

$$\overrightarrow{OA_1} = \overrightarrow{OA_0} + \overrightarrow{A_0A_1} = \overrightarrow{OA_0} + 2v\mathrm{d}t\,\frac{\overrightarrow{A_0B_1}}{\parallel \overrightarrow{A_0B_1}\parallel}$$

$$\overrightarrow{OA_2} = \overrightarrow{OA_1} + \overrightarrow{A_1A_2} = \overrightarrow{OA_1} + 2v\mathrm{d}t\,\frac{\overrightarrow{A_1B_2}}{\parallel \overrightarrow{A_1B_2}\parallel}$$

$$\vdots$$

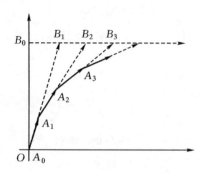

图 4.2　导弹追击示意图

编程：

```
clear;clc;clf;
hold on
axis([0 100 0 120]);
grid
A=[0,0];              %标记导弹的初始位置
B=[0,100];            %标记敌机的初始位置
d=norm(A-B);          %计算两者之间的距离
k=0;                  % k 为循环统计量,即为迭代的次数
v=1;dt=1;K=2;         %给定飞机速度 v、时间间隔 dt、速度关系系数 K 的值
while k<10000         %开始循环,次数不超过 10000
    k=k+1;            %循环次数累加 1
    B=B+[v * dt,0];                        %计算敌机位置
    plot(A(1),A(2),'r. ','markersize',15); %标记导弹位置
    plot(B(1),B(2),'b. ','markersize',15); %标记敌机位置
    e=B-A;d=norm(e);                       %计算两者之间的距离
    fprintf('k = %. 0f  B(%. 0f, 100)  A(%. 2f,%. 2f)  d = %. 2f\n',
    k,B(1),A(1),A(2),d)
    if d<=0.5                %如果飞机与导弹距离很小,可认为击中目标
```

```
        break                    %终止循环
    end
    e＝e/d；                      %计算导弹飞行方向向量
    A＝A＋K * v * dt * e；         %计算导弹位置
    pause(0.2)                   %暂停 0.2 秒,放慢画图演示过程
end
```

编写完成后存盘(取名 zhuiji)并运行,结果如下:

运行结果:

　　　　⋮

$k＝57$　　$B(57,100)$　　$A(46.30,95.49)$　　$d＝11.61$

$k＝58$　　$B(58,100)$　　$A(48.14,96.27)$　　$d＝10.54$

$k＝59$　　$B(59,100)$　　$A(50.01,96.98)$　　$d＝9.48$

$k＝60$　　$B(60,100)$　　$A(51.91,97.61)$　　$d＝8.44$

$k＝61$　　$B(61,100)$　　$A(53.82,98.18)$　　$d＝7.40$

$k＝62$　　$B(62,100)$　　$A(55.76,98.67)$　　$d＝6.38$

$k＝63$　　$B(63,100)$　　$A(57.72,99.09)$　　$d＝5.36$

$k＝64$　　$B(64,100)$　　$A(59.69,99.43)$　　$d＝4.35$

$k＝65$　　$B(65,100)$　　$A(61.67,99.69)$　　$d＝3.34$

$k＝66$　　$B(66,100)$　　$A(63.66,99.88)$　　$d＝2.34$

$k＝67$　　$B(67,100)$　　$A(65.66,99.98)$　　$d＝1.34$

$k＝68$　　$B(68,100)$　　$A(67.66,100.01)$　　$d＝0.34$

追击问题模拟结果及图示如图 4.3 所示。结果表明在飞机飞行 68 千米时被导弹击中。

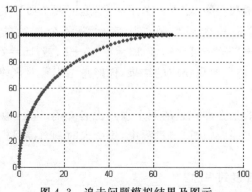

图 4.3　追击问题模拟结果及图示

[**进一步问题**]上述实验完成之后，还可以对该问题做进一步的思考、拓展和实验。

(1)调整程序中导弹与敌机的飞行速度关系系数 K 的取值重新运行，看看飞机被击中时飞行的距离？

(2)上述问题能否建立相应的微分方程(组)进行理论求解，解出导弹飞行的轨迹线方程？如果有解析解，试从理论上求出导弹击中飞机时的位置并与模拟实验解做比较。

(3)在上述问题中，如果飞机沿着某一给定的曲线逃离，那么，导弹的追击轨迹线又是如何呢？

实验 4 上机练习题

1. 每门课程考试阅卷完毕，任课教师都要对各班的考试成绩进行统计，统计内容包括：全班人数、总得分、平均得分、不及格的人数及 90 分(包括 90 分)以上的人数。请编制程序解决这一问题，并自给一组数据验证程序的正确性。要求：使用者在提示下通过键盘输入学生成绩，计算机自动处理后，显示需要的结果。

2. 编写猜数游戏程序：首先由计算机随机产生 [1,100] 之间的一个整数，然后由用户猜测所产生的这个数。根据用户猜测的情况给出不同的提示，如果猜测的数大于产生的数，则显示 "High"，小于则显示" Low "，等于则显示"You won!"，同时退出游戏。用户最多有 7 次机会。

3. 请查阅相关文献，了解我国个人所得税计算方法，编制程序进行计算。要求：使用者在系统提示下通过键盘输入月工资薪金收入总数，计算机则在屏幕上显示个人所得税额，界面友好，方便使用。

4. 验证"哥德巴赫猜想"，即：任何一个正偶数(n≥6)均可表示为两个质数的和。要求编制一个函数程序，输入一个正偶数，返回两个质数的和。

5. 编制程序验证一个正整数能否表示为多个连续的正整数之和。如：6＝1+2+3；15＝1+2+3+4+5，或 15＝4+5+6，或 15＝7+8 等等。要求对 2 到 100 之间的所有整数给出相应的结果，你能总结出哪些规律。

6. 追击问题

在一边长为 1 的正方形跑道的四个顶点上各站有 1 人，他们同时开始以等速顺时针方向追逐前方一人，在追击过程中，每个人时刻对准目标，试模拟追击路线。并讨论：

(1) 四个人能否追到一起？

(2) 若能追到一起，则每个人跑过多少路程？

图 4.4　追击问题示意图

（3）追到一起所需要的时间（设速率为 1）？

（4）如果四个人追逐的速度不一样，情况又如何呢？

第三篇　基础数学实验

实验 5

开普勒方程近似解与方程求根

实验问题

在天文学中有一类著名的方程——开普勒方程
$$x = q\sin x + a \quad (0 < q < 1, a\ 为常数),$$
是用来确定行星在其运行轨道上的位置的。如何求解该方程并使其解达到一定的精度要求呢？

这是一个非线性方程求根问题。在科学研究和工程技术问题中，常常会遇到类似的非线性方程或高次代数方程的求根问题，它们的解析解通常难以获得，因此，需要通过构造相应的数值求解方法，求得其近似根。

实验目的

通过开普勒方程求根问题的讨论，寻求和建立非线性方程求根的数值方法，并进行实验。

实验内容

首先介绍通过绘图和 MATLAB 指令求解方程根的方法，其次介绍求方程近似根的"二分法"、"切线法"、"一般迭代法"以及非线性方程组的求解问题。

为了求解开普勒方程，通常建立函数
$$f(x) = x - q\sin x - a \tag{5-1}$$

此时,方程求根问题就转化为求函数 $f(x)$ 的零点或方程 $f(x)=0$ 的根的问题。下面就 $q=0.5$, $a=1$ 的具体情形,进行讨论。

1. 绘图并观察函数零点的分布

在平面坐标系中绘制函数 $f(x)$ 的曲线,大致了解 $f(x)$ 的零点的情况和位置,如果有多个零点,则需要分区间逐个求解。

在 MATLAB 命令窗口中输入:

▶ f＝inline($'$x$-0.5*$sin(x)$-1'$);   %建立函数 $f(x)=x-0.5\sin x-1$

▶ fplot(f,[0,2])   %画出函数 f 在区间[0,2]上的图形

▶ grid

运行结果如图 5.1 所示,从图上可以看出函数在区间[1,2]内存在零点。

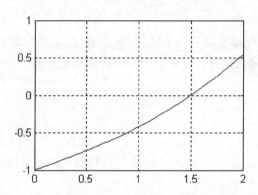

图 5.1   函数 $f(x)=x-0.5\sin(x)-1$ 的图形

2. 利用 MATLAB 中 fzero 命令求解

在 MATLAB 命令窗口中输入:

▶ f＝inline($'$ x$-0.5*$sin(x)$-1'$); %建立函数 f(x)＝x-0.5sinx-1

▶ c＝fzero(f,[1,2])   %求函数 f(x)在[1,2]内的零点 c

运行结果为:

◀ *Zero found in the interval*:[1, 2].

◀ *c* = 1.4987

或输入:

▶ c＝fzero(f,1)   %求函数 f(x)在 1 附近的零点 c

运行结果为:

◀ *Zero found in the interval*：$[0.98，1.82]$.

◀ $c = 1.4987$

　　显然，fzero 命令用起来简单易行。但从科学的态度出发，我们应该充分了解"隐藏"在该命令背后的原理、算法以及实现过程。因此，下面介绍求方程近似根的原理、公式及编程方法，从而掌握求解一般非线性方程近似根的常用数值方法。熟悉这些原理、方法对于从事科学研究，解决复杂问题是十分必要的。

3. "二分法"

　　由高等数学知识可知，如果 $f(x)$ 在 $[a,b]$ 连续，且 $f(a) \cdot f(b) < 0$，那么方程 $f(x)=0$ 在 (a,b) 内仅有一个实根 ξ，此时可以采取"**二分法**"求该方程的近似根。

基本思想：

　　首先取区间 $[a,b]$ 的中点 $x_1 = \dfrac{a+b}{2}$，保留有根的半个区间 $[a, x_1]$ 或 $[x_1, b]$；再取新的区间的中点，保留有根的半个区间，依此类推，直到区间长度减小到给定的精度 ε。此时，该区间内任意一点可以作为方程根的近似值。

具体步骤：

　　步 1：取区间 $[a,b]$ 的中点 $x_1 = \dfrac{a+b}{2}$，如果 $f(x_1)=0$，则 $\xi = x_1$ 为所求的根；

　　步 2：如果 $f(x_1) \neq 0$ 且 $f(x_1) \cdot f(b) < 0$，则取 $a_1 = x_1$，$b_1 = b$；否则，如果 $f(a) \cdot f(x_1) < 0$，那么取 $a_1 = a$，$b_1 = x_1$。从而得到新的有解区间 $[a_1, b_1]$，将它看作区间 $[a,b]$；

　　步 3：再重复执行步 1 至步 2，直到区间长度不超过给定的误差界 ε。

误差分析：

　　按照上述步骤，我们得到包含解 ξ 的闭区间序列 $\left\{ [a_n，b_n] \right\}_{n=1}^{\infty}$，它是一个闭区间套，即 $[a,b] \supset [a_1，b_1] \supset \cdots \supset [a_n，b_n] \supset \cdots$。可以证明，该闭区间套有唯一的公共点，$x^*$，且 $\lim\limits_{n \to \infty} a_n = \lim\limits_{n \to \infty} b_n = x^*$。显然 x^* 就是方程的根 ξ。

　　若用 $x_n \in [a_n，b_n]$ 作为方程根 ξ 的近似值，则其误差

$$| x^* - x_n | < b_n - a_n = \frac{b-a}{2^n}$$

由

$$\frac{b-a}{2^n} < \varepsilon$$

得

$$n > \ln\frac{b-a}{\varepsilon} \Big/ \ln 2。$$

取

$$N = \left[\ln\frac{b-a}{\varepsilon}\Big/\ln2\right] \qquad (5-2)$$

则当实施等分的次数 $n > N$ 时,近似解的精度即达到要求,其误差小于 ε。

下面对于给定的实验问题运用上述方法,并运用 MATLAB 软件编程具体实现。

例 5-1 用"二分法"求方程 $x = 0.5\sin x + 1$ 的近似根(误差小于 10^{-5})。

问题分析:

容易知道该方程在 $[1,2]$ 内有且仅有一个实数根,下面运用"二分法"来求解。

编写 MATLAB 程序:

```
f=inline(′x-0.5*sin(x)-1′);
a=1;
b=2;
dlt=1.0e-5;
k=1;
while abs(b-a)>dlt
    c=(a+b)/2;
    if f(c)= =0
        break;
    elseif f(c)*f(b)<0
        a=c;
    else
        b=c;
    end
    fprintf(′k=%d, x=%.5f\n′,k,c);
    k=k+1;
end
```

运行结果(见表 5-1):

表 5-1 求方程近似根的迭代结果

$k=1$, $x=1.50000$	$k=10$, $x=1.49902$
$k=2$, $x=1.25000$	$k=11$, $x=1.49854$
$k=3$, $x=1.37500$	$k=12$, $x=1.49878$
$k=4$, $x=1.43750$	$k=13$, $x=1.49866$

k=5，x=1.46875	k=14，x=1.49872
k=6，x=1.48438	k=15，x=1.49869
k=7，x=1.49219	k=16，x=1.49870
k=8，x=1.49609	k=17，x=1.49870
k=9，x=1.49805	

从表 5-1 给出的计算结果可以看出，当近似根的精度为 10^{-5} 时，根据公式 (5-2) 可以计算出迭代 16 次后近似根的精度达到要求。显然在上述迭代过程中只用到了计算函数的函数值，除要求函数连续外，对函数的其他方面的性态没有更高的要求。

4. "切线法"

若函数 $f(x)$ 在 $[a, b]$ 上有二阶导数，$f(a) \cdot f(b) < 0$，且 $f'(x)$ 与 $f''(x)$ 在 $[a, b]$ 上不变号，则可以构造一种常用的**切线迭代法**来求方程根 ξ 的近似值。这种方法是由英国的数学家及物理学家 Newton 在 18 世纪中叶给出的，故又称 **Newton 迭代法**。

基本思想：

首先选取函数值与二阶导数同号的端点，作曲线 $f(x)$ 在该点的切线，此切线与 x 轴交于区间 $[a, b]$ 内一点 x_1；再作曲线 $f(x)$ 上对应于 x_1 点处的切线交 x 轴于另一点 x_2；依此类推，切线与 x 轴的交点将快速逼近函数 $f(x)$ 的零点（见图 5.2）。此时，我们将切线与 x 轴的**交点** $x_n (n=1, 2, \cdots)$ 作为方程的近似根，这种方法通常称为求方程 $f(x)=0$ 近似根的**切线迭代法**，简称**切线法**。

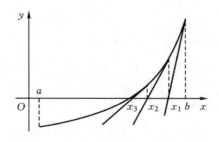

图 5.2　切线迭代法

具体步骤：

步 1：取迭代初值 x_0，一般取 $x_0 = a$ 或 $x_0 = b$（要求 $f(x_0)$ 与 $f''(x_0)$ 同号）；

步 2：过点 $(x_0, f(x_0))$ 作曲线 $f(x)$ 的切线：$y - f(x_0) = f'(x_0)(x - x_0)$，求得

切线与 x 轴的交点

$$x_1 = x_0 - \frac{f(x_0)}{f'(x_0)}$$

步 3：再过点$(x_1, f(x_1))$，作曲线 $f(x)$ 的切线，得到切线与 x 轴的交点 x_2

$$x_2 = x_1 - \frac{f(x_1)}{f'(x_1)}$$

重复上述过程，得到第 $n+1$ 次的切线与 x 轴的交点 x_{n+1}，即

$$x_{n+1} = x_n - \frac{f(x_n)}{f'(x_n)} \quad (n = 0, 1, 2, \cdots) \tag{5-3}$$

并将 x_{n+1} 作为方程解的近似值。这就是切线迭代法的过程，式(5-3)称为**迭代公式**。

关于上述 Newton 迭代法有下面的收敛定理。

定理 5-1　设函数 $f(x)$ 在$[a, b]$上有二阶导数，且满足：

(1) $f(a) \cdot f(b) < 0$；

(2) $f'(x)$，$f''(x)$ 在$[a, b]$上连续且不变号；

则当迭代初值 $x_0 \in [a, b]$，且 $f(x_0)$ 与 $f''(x_0)$ 同号时，由迭代公式(5-3)产生的迭代序列$\{x_n\}_{n=1}^{\infty}$收敛于方程 $f(x) = 0$ 在$[a, b]$上的唯一实根 x^*。

定理 5-1 中的条件(1)要求 f 在区间$[a, b]$两端点异号，确保 f 在$[a, b]$至少有一个零点；条件(2)要求 f 在区间$[a, b]$单调增，确保最多只有一个零点；从而满足条件的函数 f 在区间$[a, b]$有且仅有一个零点。另外，f''不变号意味着函数在$[a, b]$上的凹凸性不变。符合条件的函数形状除图 5.2 以外还有三种情形，如图 5.3 的(a)，(b)，(c)所示。其中，初始点的选取要求该点函数值与函数的二阶导数值同号。否则，切线与 x 轴交点可能会超出函数定义区间之外。

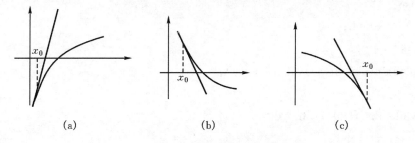

(a)　　　　　　(b)　　　　　　(c)

图 5.3　切线迭代法初值选取

误差分析：

根据切线迭代法的迭代过程，可以估计近似根的迭代精度。设精确解为 ξ，即 $f(\xi) = 0$，于是

$$f(x_n) = f(x_n) - f(\xi) = f'(\eta_n)(x_n - \xi) \quad (\eta_n \text{ 介于 } x_n \text{ 与 } \xi \text{ 之间})$$

所以

$$|x_n - \xi| = \frac{|f(x_n)|}{|f'(\eta_n)|}, \ \eta_n \in (a, b)$$

设 $m = \min\{|f'(a)|, |f'(b)|\}$，由 $f'(x)$ 单调性得 $|f'(\eta_n)| \geqslant m$，从而

$$|x_n - \xi| \leqslant \frac{|f(x_n)|}{m}$$

因此，当 $|f(x_n)| < m\varepsilon$ 时，有 $|x_n - \xi| < \varepsilon$。

例 5 - 2　用"切线法"求方程 $x = 0.5\sin x + 1$ 的近似根（误差小于 10^{-5}）。

问题分析：

容易验证函数 $f(x) = x - 0.5\sin x - 1$ 在 $[1, 2]$ 上满足切线迭代法的条件，现运用"切线法"来求解。

编写 MATLAB 程序：

```
f=inline('x-0.5*sin(x)-1');
df=inline('1-0.5*cos(x)');          %求 f(x)的一阶导数
d2f=inline('0.5*sin(x)');           %求 f(x)的二阶导数
a=1;
b=2;
dlt=1.0e-5;
if f(a)*d2f(a)>0
        x0=a;
else
        x0=b;
end
m=min(abs(df(a)),abs(df(b)));
k=0;
while abs(f(x0))>m*dlt
        k=k+1;
        x1=x0-f(x0)/df(x0);
        x0=x1;
        fprintf('k=%d x=%.5f\n',k,x0);
end
```

运行结果：

$k=1$　　$x=1.54858$

$k=2$　　$x=1.49933$

$k=3$　　$x=1.49870$

从计算结果可以看出，与二分法相比，切线法只需迭代 3 次就达到了二分法迭代 17 次得到的结果；但另一方面，切线法对函数本身的性态要求较高，且每次都要计算导数。

5. 一般迭代法

在方程 $f(x)=0$ 有实数根的情况下，我们通常可以通过转换方程的形式，构造相应的迭代格式，产生迭代序列来求方程的近似根。

基本思想：

将方程 $f(x)=0$ 等价地转换为 $x=g(x)$ 的形式，比如 $x=f(x)+x$，此时 $g(x)=x+f(x)$。然后取一个初值 x_0 代入 $x=g(x)$ 的右端，算得 $x_1=g(x_0)$，再计算 $x_2=g(x_1)$，…，这样依此类推得到一个**迭代格式**

$$x_{k+1}=g(x_k), \quad k=0,1,2,\cdots \tag{5-4}$$

从而得到一个序列 $\{x_k\}$，$k=0,1,2,\cdots$。通常称该序列为**迭代序列**，$g(x)$ 称为**迭代函数**，x_0 称为**迭代初值**。

如果式(5-4)所产生的迭代序列 $\{x_k\}$，$k=0,1,2,\cdots$收敛，则称由迭代函数 $g(x)$ 所确定的迭代格式是**收敛的**，否则称为**发散的**。可以证明，在收敛的情况下，迭代序列的极限 x^* 就是方程 $f(x)=0$ 的实根。此时，x^* 也称为函数 $g(x)$ 的**不动点**，x_k 称为方程 $f(x)=0$ 根的 **k 次近似值**。这种通过对方程 $f(x)=0$ 进行等价变形，构造迭代格式产生迭代序列，从而达到求解方程近似根的方法，通常称为**迭代法**。

显然，对于一个方程可以等价地构造多种迭代格式，那么如何从方程自身出发，构造一个收敛的迭代格式就成为利用迭代法求解方程近似根的关键。换句话说，如何选取迭代函数 $g(x)$，使得迭代格式(5-4)收敛呢？对于这个问题有如下结论。

定理 5-2　如果迭代格式(5-4)的迭代函数 $g(x)$ 满足条件：

(1) 当 $x\in[a,b]$ 时，$g(x)\in[a,b]$；

(2) 存在正数 $L<1$，使对任意 $x\in[a,b]$，有 $|g'(x)|\leqslant L<1$，

则方程 $x=g(x)$ 在 $[a,b]$ 上有唯一的根 ξ，且对任意初值 $x_0\in[a,b]$，由迭代格式(5-4)所产生的迭代序列 $\{x_k\}$，$k=0,1,2,\cdots$收敛于 ξ，且有误差估计

$$\mid x_k - \xi \mid \leqslant \frac{1}{1-L} \mid x_{k+1} - x_k \mid$$

即当 $\mid x_{k+1} - x_k \mid < (1-L)\varepsilon$ 时,有 $\mid x_k - \xi \mid < \varepsilon$。

定理 5-2 的证明大家可以尝试解决。关于这方面的讨论是比较多的,这里不再赘述,有兴趣的同学可以参看有关计算方法方面的书籍。

6. 非线性方程组求解

对于非线性方程的求解问题,前面介绍了几种常用方法,那么对于非线性方程组的求解又如何进行呢? 下面,简要地介绍 MATLAB 的解非线性方程组的指令,供感兴趣的读者参考。

考虑非线性方程组

$$\begin{cases} f_1(x_1, x_2, \cdots, x_n) = 0 \\ f_2(x_1, x_2, \cdots, x_n) = 0 \\ \qquad\qquad \vdots \\ f_n(x_1, x_2, \cdots, x_n) = 0 \end{cases} \qquad (5-5)$$

其向量形式为

$$f(x) = 0 \qquad\qquad (5-6)$$

其中 $x = (x_1, x_2, \cdots, x_n)$,$f(x) = (f_1(x), f_2(x), \cdots, f_n(x))^{\mathrm{T}}$ 是 n 个变量的向量值函数。由于方程组(5-5)的向量形式(5-6)同非线性方程(5-1)在形式上完全相同,只不过这里自变量和函数值都是向量。因此,可以考虑将解一元方程的方法推广到方程组的情形。通常采用迭代方法来求解,常用迭代方法有**简单迭代**、**Newton 迭代**和**最小二乘迭代**等。

对于非线性方程组(5-6),MATLAB 提供了求解命令 **fsolve**,格式为

$$[\mathbf{x}, \mathbf{fval}] = \mathbf{fsolve(fun, x0)}$$

其中 **fun** 是 $f(x)$ 的 M 文件或内联函数,**x0** 为求解初值,左端 **x** 为所求的解向量,**fval** 为在解向量处函数所取得的函数值向量(一般为零向量或模很小)。上面这个指令位于 MATLAB 优化工具箱中,它是将方程(5-5)转化为非线性最小二乘问题来求解的。

例 5-3　求方程组 $\begin{cases} \sin(x_1) + x_2 + x_3^2 \mathrm{e}^{x_1} - 4 = 0 \\ x_1 + x_2 x_3 = 0 \\ x_1 x_2 x_3 = -2 \end{cases}$ 的近似解。

问题分析:首先要建立相应的向量值函数,再调用 MATLAB 求解命令。

编写 MATLAB 程序:

function f＝group1(x)

f＝[sin(x(1))＋x(2)＋x(3)^2 * exp(x(1))－4;

　　　x(1)＋x(2) * x(3);

　　　x(1) * x(2) * x(3)＋2];

以文件 group1 存盘，然后在 MATLAB 指令窗口中调用求解命令 fsovle，初值取为[1,1,1]，如下所示：

▶ [x,fval]＝fsolve('group1',[1,1,1])

运行结果：

x ＝

　　　1.4142　　　－1.3701　　　1.0322

fval ＝

　　　1.0e－012 *

　　　0.1155

　　　0.0007

　　　－0.0071

结果表明方程组的解为 $x_1＝1.4142, x_2＝－1.3701, x_3＝1.0322$。在求得的近似解处 $x_1 x_2 x_3＋2＝－0.0071×10^{-12}$。

例 5-4　求方程组 $\begin{cases} 9x_2^2－12x_1－54x_2＋61＝0 \\ x_1 x_2－2x_1＋1＝0 \end{cases}$ 的近似解。

分析：首先要建立相应的向量值函数，再调用 MATLAB 求解命令。

编写 MATLAB 程序：

function f＝group2(x)

f＝[9 * x(2)^2－12 * x(1)－54 * x(2)＋61;

　　　x(1) * x(2)－2 * x(1)＋1];

以文件 group2 存盘，然后在 MATLAB 指令窗中调用求解指令 fsovle。初值取为[0,0]，如下所示：

▶ [x,fval]＝fsolve('group2',[0,0])

运行结果：

　x ＝

　　　1.0902　　　1.0828

$$fval =$$

$$1.0e-011 *$$

$$0.1044$$
$$-0.0324$$

若取初值为$[-2,2]$,调用求解指令 fsovle:

▶ $[x,fval]=fsolve('group2',[-2,2])$

运行结果为:

$$x =$$

$$-1.5682 \quad 2.6377$$

$$fval =$$

$$1.0e-007 *$$

$$0.3218$$
$$0.0260$$

由例可看出,初始值不同,得到了不同的解,fsovle 所求得的解是最接近初始值的解。

实验 5 上机练习题

1. 分别用 MATLAB 命令和"二分法"求解下列问题(精度要求达到10^{-4})。

(1) 方程 $x^2 - 2 = 0$ 在$(0,2)$内的近似根。

(2) 圆 $x^2 + y^2 = 2$ 与曲线 $y = e^{-x}$ 的两个交点。

(3) 方程$\int_0^x \dfrac{t^2}{1+t^2}dt = \dfrac{1}{2}$ 的近似根。

2. 试用 Newton 迭代法求解练习题 1 中各小题,并与二分法进行比较。

3. 方程 $f(x)=x^2+x-4=0$ 在$(0,4)$内有唯一的实根,构造以下三种迭代函数进行迭代:

(1)$g_1(x)=4-x^2$,迭代初值 $x_0=4$;

(2)$g_2(x)=\dfrac{4}{1+x}$,迭代初值 $x_0=4$;

(3) $g_3(x) = x - \dfrac{x^2 + x - 4}{2x + 1}$，迭代初值 $x_0 = 4$。（切线迭代法）

试分别通过迭代格式 $x_{k+1} = g_i(x_k)(i = 1, 2, 3)$产生三组迭代序列，分析观察三组迭代序列的敛散性和收敛的快慢。

4. 试用一般迭代法求开普勒方程 $x = 0.5\sin x + 1$ 的近似根（误差 $< 10^{-5}$）。

5. 试求非线性方程组 $\begin{cases} 2x_1^2 - x_1 x_2 - 5x_1 + 1 = 0 \\ x_1 + 3\lg x_1 - x_2^2 = 0 \end{cases}$ 的解，初值如下：

(1) $x_0 = [1.4, -1.5]$；

(2) $x_0 = [3.7, 2.7]$。

6. 某农夫有一个半径 10 m 的圆形牛栏，长满了草。他要将一头牛栓在牛栏边界的栏桩上，但只让牛吃到一半草，问栓牛鼻的绳子应为多长？

7. 图 5.4 给出了海岛与城市位置的示意图，为了在海岛 I 与某城市 C 之间铺设一条地下光缆，每千米光缆铺设成本在水下部分是 C_1 万元，在地下部分是 C_2 万元，为使得铺设该光缆的总成本最低，光缆的转折点 P（海岸线上）应该取在何处？

如果实际测得海岛 I 与城市 C 之间水平距离 $l = 30$ km，海岛距海岸线垂直距离 $h_1 = 15$ km，城市距海岸线垂直距离 $h = 10$ km，$C_1 = 3000$ 万元/km，$C_2 = 1500$ 万元/km，求 P 点的坐标（误差 $< 10^{-3}$ km）。

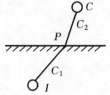　　　　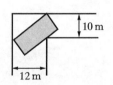

图 5.4　海岛与城市位置　　　图 5.5　驳船拐弯示意图

8. 有一艘宽为 5 m 的长方形驳船，欲过某河道的直角湾，经测量知河道的宽度为 10 m 和 12 m，如图 5.5 所示，试问，要驶过该直角湾，驳船的长度不能超过多少米？（误差 $< 10^{-3}$ m）

9. 一个对称的地下油库，内部设计如图 5.6 所示。横截面为圆，中心位置半径为 3 m，上下底半径为 2 m，高为 12 m，纵截面的两侧是顶点在中心横轴上的抛物线。试求：

(1) 油库内油面的深度为 h（从底部算起）时，库内油量的容积 $V(h)$；

图 5.6　地下油库示意图

（2）设计测量油库油量的标尺。即当油量容积 V 已知时，算出油的深度 h，刻出油量大小。试给出当 $V = 10\text{m}^3, 20\text{m}^3, 30\text{m}^3, \cdots$ 时油的深度。

10.下面是某报纸 2006 年 3 月 30 日第七版上的一则房产广告：

建筑面积	总价	30%首付	70%按揭	月还款
105.9 m²	36 万	10.8 万	30 年	1436 元

不难算出，买房者向银行总共借了 25.2 万，30 年内共要还 51.696 万，约为当初借款的两倍。试计算这个案例中贷款年利率是多少？

11. 作为房产公司的代理人，你要迅速准确回答客户各方面的问题。现在有个客户看中了你公司一套建筑面积为 120 m²，每平方米单价 4200 元的房子。他计划首付 30%，其余 70%用 20 年按揭贷款（贷款年利率 5.5%）。请你提供下列信息：房屋总价格、首付款额、月付还款额。

实验 6

Logistic 方程求解与混沌

实验问题

在生物学中,有一个刻画生物种群个体总量增长情况的著名方程——逻辑斯谛(Logistic)方程:

$$x_{n+1} = rx_n(1-x_n) \quad (r \text{ 为比例系数}) \tag{6-1}$$

其中 x_n 为某生物群体的第 n 代的个体总数与该群体所能达到的最大保有量时的个体数之比。选定初值 x_0 和比例系数 r 的值后,由方程(6-1)就能生成一个数列:

$$x_0, x_1, x_2, \cdots, x_n, \cdots$$

为了解和预测群体总量的变化情况,就要对这个数列的变化趋势进行研究:数列的极限是否存在?数列的项会不会出现周期性的变化?数列会不会呈现出无法预测的紊乱情况?

显然,这是一个由迭代格式(6-1)所产生的迭代数列的收敛性问题。

实验目的

通过对逻辑斯谛方程解的问题的讨论并经过实验,了解分岔和混沌的概念。

实验内容

首先建立生物种群增长模型,其次通过数值实验观察参数变化对迭代数列的影响,最后介绍混沌的概念。

1. 建立生物种群增长模型(Logistic 方程)

设某生物种群第 n 代的个体总量为 M_n,经过繁殖第 $n+1$ 代的个体总量为 M_{n+1}。为了建立该种群增长模型,我们首先要问:种群繁殖的规律是什么?对于这一点许多生物学家进行了深入的研究,其中最为著名的是 19 世纪中叶荷兰生物学家 Verhulst 得出的结论:种群的繁殖与种群的规模成正比;同时,种群生活在一定的环境中,在资源给定的情况下,个体数目越多,每一个个体获得的资源越少,这将抑制其生育率。因此,种群的繁殖与可生存的容纳量(整体资源允许的总容纳量 M 减去种群规模 M_n)成正比,即

$$M_{n+1} = KM_n(M - M_n) \quad (n = 0, 1, 2, \cdots)$$

或

$$\frac{M_{n+1}}{M} = KM \frac{M_n}{M}\left(1 - \frac{M_n}{M}\right)$$

若记 $x_{n+1} = \dfrac{M_{n+1}}{M}$,$r = KM$,$x_n = \dfrac{M_n}{M}$,代入上式,则得迭代方程(6-1),它刻画了种群个体总量的增长规律。

2. 迭代序列的收敛与发散

从实验 5 我们知道对于迭代格式(6-1)所产生的迭代数列,可能收敛,也可能发散。特别地,随着比例系数 r 的取值不同,所产生的迭代序列的发展趋势又会如何呢?

下面我们取迭代初值 $x_0 = 0.1$,进行实验观察迭代方程(6-1)所产生的序列的分布情况。

对于每一个给定的系数 r,产生一个迭代序列 $\{x_k\}$,$k = 0, 1, 2, \cdots$(通常也称为迭代方程的**轨道**)。如果 $\lim\limits_{k \to \infty} x_k = x^*$ 存在,则称 x^* 是迭代函数 $g(x) = rx(1-x)$ 的一个不动点。此时,迭代序列中从某一项开始的各项值凝聚在不动点 x^* 附近。但随着参数 r 取值的变化,所产生的迭代序列的收敛情况会发生明显变化,极限可能不存在。那么,这时迭代序列的发展逐步变得无序,轨道也由一条分岔为多条。随着参数 r 的不断增大,迭代序列的变化呈现出非常复杂的紊乱行为,几何上也呈现出复杂的变化特征,这种现象被称之为**分岔与混沌**。

3. 数值实验与分析

下面我们对迭代格式(6-1)在不同的 r 取值情况下进行实验分析,具体分六个步骤。

步1:取比例系数 r 为 1 和 3 之间的任意一个值,按迭代格式(6-1)迭代 100 步,产生迭代序列 $\{x_k\}$,$k = 0, 1, \cdots, 100$ 并绘图。

编写 MATLAB 程序:

```
clc;clf;
    x=0.1;
    y=[ ];
```

```
r=1.2;            %可改变取值得到相应的图形
hold on
axis([0 100 0 1])
for i=1:100
        x=r*x*(1-x);
        y=[y,x];
        plot(i,x,'k.','markersize',10)
        fprintf('x(%d)=%.10f\n',i,x);
end
t=1:100;
plot(t,y,'k-');
grid
```

程序保存后运行。在程序中改变 r 的取值可得到不同参数值对应的迭代序列分布结果。图 6.1 和图 6.2 分别给出了 $r=1.2$ 和 $r=2.5$ 时迭代数列的分布。

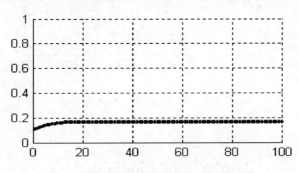

图 6.1　$r=1.2$ 时迭代数列的分布

从图 6.1 和图 6.2 上可以看出,这两个迭代数列都是收敛的,收敛结果随系数 r 的取值不同而不同。读者可以在上述实验中改变迭代初值进行实验,可以发现收敛结果不发生变化,相应的轨道不发生偏移。实验结果表明(读者可以尝试给予证明):

当比例系数 r 为 1 和 3 之间的任意一个值时,按迭代格式(6-1)产生的迭代序列 $\{x_k\}$, $k=0$, 1, …是收敛的,且收敛结果与迭代初值无关。

步 2: 再取比例系数 $r=3.2$ 和 $r=3.5$,运行上述实验,迭代结果分别如图 6.3 和图 6.4 所示。

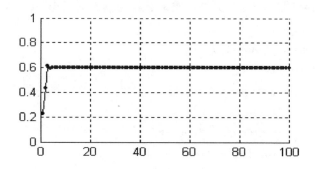

图 6.2　$r=2.5$ 时迭代数列的分布

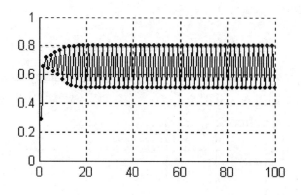

图 6.3　$r=3.2$ 时迭代数列的分布

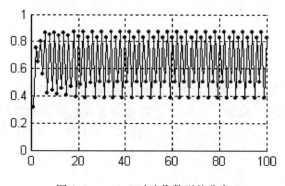

图 6.4　$r=3.5$ 时迭代数列的分布

　　从图 6.3 和图 6.4 可以看出,这两个迭代数列都不收敛,但当 $r=3.2$ 时迭代数列的取值呈现周期性地取两个值,相应的轨道由一支分为两支;当 $r=3.5$ 时迭代数列呈现周期性地取四个值,相应的轨道由一支分为两支,再由两支分为四支;并且当初值发生变化时,迭代序列(轨道)的分布不发生改变。于是,自然要问迭代序列(轨道)的这种变化到底呈现出什么样的规律呢? 会不会随着 r 取值的增大,迭代方程的轨道继续发生分岔现象?

步 3:再取比例系数 r 为 3.8 运行上述程序进行实验,当初值为 0.1 时结果如图 6.5 所示,迭代序列(轨道)的分布没有呈现周期性地取值情形,而是一种紊乱状态。

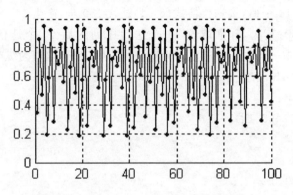

图 6.5　$r=3.8, x_0=0.1$ 时迭代数列的分布

同时,在 $r=3.8$ 不变的情况下,我们增加 0.0005 改变初值运行程序,结果如图 6.6 所示。可以看出,迭代序列(轨道)的分布和图 6.5 所示的分布有着很大的不同。此时当初值发生微小变化时,迭代序列的分布会发生很大变化。这就是数学研究中常说的"蝴蝶效应",这种现象在数学上又被称为"混沌"。由于在某些实际问题中,方程中系数 r 是一个与环境因素有关的参数,因此,实验表明在某些特定的条件下,某些种群的繁殖会出现难以预料的混沌现象,其发展趋势会失去控制,甚至出现"生物灾难"。

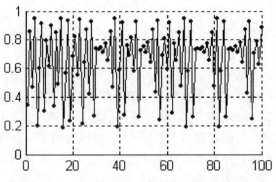

图 6.6　$r=3.8, x_0=0.1005$ 时迭代数列的分布

　　通过比较以上实验的五个图示可以发现,随着逻辑斯谛方程中比例系数 r 取值的增加,迭代数列由收敛到发散,相应的轨道也由一支分岔为两支,再由两支分岔到四支等等,而且越来越分散乃至出现混沌现象。为了进一步考察以上各种情况的变化规律,了解轨道如何分岔以及在什么位置发生分岔,我们对 r 取更多不同的值进行实验,将实验结果绘制到同一个坐标系中,观察迭代数列的变化规律。

　　步 4:首先,分别取参数 r 为 $0,0.3,0.6,0.9,1.2,1.5,1.8,2.1,2.4,2.7,3,3.3,3.6,3.9$ 等 14 个值,按迭代格式(6-1)迭代 150 步,产生 14 个迭代序列 $\{x_k\}$,$k=0,1,\cdots,150$;其次,分别取这 14 个迭代序列的后 50 个迭代值(x_{101},x_{102},$\cdots$,x_{150}),画在同一坐标面 rox 上,r 为横坐标,迭代数列取值为纵坐标。

　　编写 MATLAB 程序:

```
clear;clf;
axis([0,4,0,1]);
grid;
hold on
for r=0:0.3:3.9
    x=[0.1];
    for i=2:150
        x(i)=r * x(i-1) * (1-x(i-1));
    end
    pause(0.5)
    for i=101:150
        plot(r,x(i),'k.');
    end
    text(r-0.1,max(x(101:150))+0.05,['\it{r}=',num2str(r)])
end
```

程序保存后运行,结果如图 6.7 所示。

　　步 5:对图 6.7 进行观察分析,容易发现:

　　(1)当 r 为 $0,0.3,0.6,0.9,1.2,1.5,1.8,2.1,2.4,2.7$ 时,每个 r 对应的 50 个迭代值凝聚在一点,这表明对这些 r 取值所产生的迭代序列是收敛的;

　　(2)当 r 为 $3,3.3$ 时,r 对应的 50 个迭代值凝聚在两个点,这表明这时 r 所对应的迭代序列不收敛,但凝聚在两个点附近;同时也说明当 r 取值在 2.7 和 3 之间的某一值时,对应的迭代序列从收敛到不收敛,轨道由一支分为两支开始出现分岔现象;

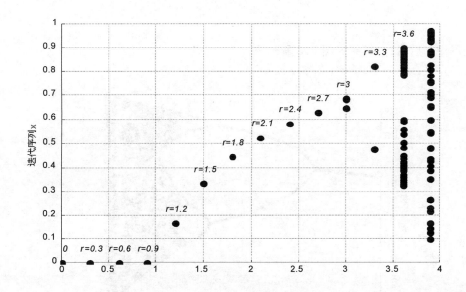

图 6.7　14 个 r 值对应的迭代结果

(3)当 r 由 3.3 到 3.6 再到 3.9 越来越大时,对应的 50 个迭代值凝聚的点也越来越多,这表明这时 r 所对应的迭代序列变化情况逐渐复杂,轨道分岔也越来越多,但会不会还是按一支分叉为两支的变化规律来变化的呢?

步 6: 为了进一步研究轨道分岔问题,我们继续在 2.7 到 3.9 之间对 r 取更多不同的值进行实验并作图,观察实验结果。

编写 MATLAB 程序:

```
clear;clf;
hold on
axis([2.7,4,0,1]);
grid
for r=2.7:0.005:3.9
    x=[0.1];
    for i=2:150
        x(i)=r*x(i-1)*(1-x(i-1));
    end
    pause(0.1)
    for i=101:150
        plot(r,x(i),'k.');
```

　　　　　　　end
　　　end
程序保存后运行,结果如图 6.8 所示。

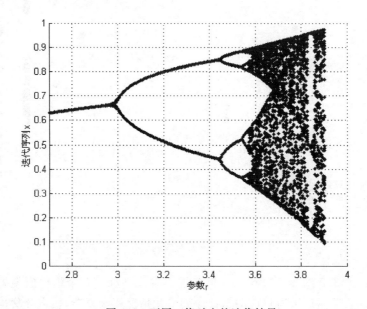

图 6.8　不同 r 值对应的迭代结果

　　从图 6.8 可以看出,当 r 取值在 3 附近时,轨道由一支分岔为两支;当 r 取值在 3.45 附近时,轨道由两支分岔为四支;当 r 取值在 3.55 附近时,轨道进一步分岔。现在的问题是:是不是继续由四支分岔为八支,并依此类推呢? 这些分岔点处的 r 取值,是否有规律? 等等,这些问题的回答是比较难的,读者如果有兴趣,可以通过再次加密 r 取值进行观察研究。

　　这种轨道由 1 条分岔为 2 条、由 2 条分岔为 4 条、由 4 条分岔为 8 条,等等,这种现象称为**倍周期现象**。从整体上看,随着 r 取值的越来越大,所产生的迭代序列的变化趋势越来越复杂,可能会随机落在(0,1)区间的任何一子区间内,并可能重复,这就是混沌的**遍历性**。

　　关于这个问题,有很多学者对其进行了深入研究。1975 年美国斯坦福大学计算机与人工智能方向的首席科学家费靳博姆(Feigenbaum)得到了许多重要结果,上述图 6.8 又称为 Feigenbaum 图,有兴趣者可参阅相关书籍。

实验 6 上机练习题

1. Feigenbaum 曾对超越函数 $y=\lambda\sin(\pi x)$(λ 为非负实数)进行了分岔与混沌的研究,试利用迭代格式 $x_{k+1}=\lambda\sin(\pi x_k)$,做出相应的 Feigenbaum 图。

2. Henon 吸引子是混沌和分形的著名例子,迭代模型为

$$\begin{cases} x_{k+1} = 1 + y_k - 14x_k^2 \\ y_{k+1} = 0.3x_k \end{cases}$$

取初值 $x_0 = 0$,$y_0 = 0$,进行 3000 次迭代,对于 $k>1000$,在 (x_k, y_k) 处画一点(注意不要连线)可得所谓 Henon 引力线图。试写出程序,画出图形。

3. 作出抛物线映射 $x_{k+1} = 1 - \alpha x_k^2$($\alpha \in 0,2$),$x \in [-1,1]$ 的分支混沌图。

实验 7

π 的计算与数值积分

实验问题

人们很早就发现圆的周长和直径的比是一个常数，也就是大家所熟悉的圆周率 π。那么这个常数值是多少呢？这是人类接触最早较难解决的数学问题之一，从公元前 1700 年左右到现在，几千年来，数学研究者一直没有停止过求 π 的努力。那么，如何求 π 的近似值呢？

实验目的

通过对 π 的近似值的讨论，了解运用级数逼近和数值积分的思想进行 π 的计算，并建立数值积分的方法——梯形法和抛物线法。

实验内容

关于圆周率的计算问题，历来是中外数学家极感兴趣、孜孜以求的问题。德国的一位数学家曾经说过，"历史上一个国家所算得的圆周率的准确程度，可以作为衡量这个国家当时数学发展的一个标志"。圆周率 π 的计算历程大致可以分为三个阶段：第一阶段是 17 世纪以前，以我国古代数学家刘徽、祖冲之等为先导，开辟了手工计算圆周率的先河，使用的是古典方法；第二阶段是从 17 世纪到 20 世纪中叶，由于微积分的产生，人们开始使用解析的方法，虽然仍使用手工计算，但计算效率得以大大提高；第三阶段是自从计算机问世后，π 的人工计算宣告结束。借助于计算机，使圆周率的计算工作有了飞速的进展。2002 年，日本东京大学金田康正教授利用一台超级计算机，计算出 π 的小数点后一兆二千四百一十一亿位。

1. 古典方法

在 17 世纪以前，人们大多是利用圆内接正多边形和圆外切正多边形来夹逼的方法通过手工计算获得圆周率 π 的近似值。早在公元前 2 世纪，我国周朝已有"周三径一"的记载,但使用正确方法计算 π 值的,是公元 2 世纪中叶魏晋时期的刘徽创立的新方法——"割圆术"。他把圆内接正多边形的面积一直算到了正 3072 边形,并由此而求得了圆周率为 3.14 和 3.1416 这两个近似数值,是当时世界上圆周率计算的最精确的数据。到了公元 5 世纪的南北朝时期的南朝,我国著名的数学家祖冲之在刘徽的基础上继续努力,又将 π 的近似值精确到了小数点后的第七位。祖冲之确定了圆周率的不足近似值为 3.1415926,剩余近似值为 3.1415927,这是世界上首次将圆周率精确到小数点后第七位,因此,世界上有些国家称圆周率为"祖率"。这个结果直到大约 1000 年后的 1596 年,方由荷兰数学家卢道夫打破了,他把 π 值推算到小数点后第 15 位小数,进一步算到第 35 位。为此,不少西方人也称圆周率为"卢道夫数"。由于古典方法计算十分繁琐,费时费劲,改进速度慢,因此有不少致力于计算 π 的人,付出了大半生的精力,才获得 π 的小数点后十几位,最多几十位(最高记录为 39 位,由德国人格林伯格于 1630 年给出)的精度。

2. 级数逼近方法

从 17 世纪中叶开始,微积分方法诞生,人们逐步掌握了解决一些实际问题的分析方法和有用工具。特别是利用收敛的无穷级数来逼近一些无理数,使它们的求值变得可能和方便,圆周率 π 的计算又多了一种工具。例如,在微积分中我们学习过 Taylor 展开式

$$\arctan x = x - \frac{x^3}{3} + \frac{x^5}{5} - \frac{x^7}{7} + \cdots + (-1)^{n-1}\frac{x^{2n-1}}{2n-1} + \cdots \qquad (7-1)$$

令 $x=1$,得到

$$\frac{\pi}{4} = 1 - \frac{1}{3} + \frac{1}{5} - \frac{1}{7} + \cdots + \frac{(-1)^{n-1}}{2n-1} + \cdots \qquad (7-2)$$

利用上式就可以方便地求得 π 的近似值。

MATLAB 程序:

```
clc;clear;
n=0;
r=1;
p=0;
k=-1;
while r>=1.0e-5
    n=n+1;
    k=k*(-1);
    p1=p+k/(2*n-1);
    r=abs(4*(p1-p));
```

```
        fprintf('n=%.0f,p=%.10f\n',n,4*p1);
        p=p1;
    end
```

运行结果如下：

⋮

$n=199998, p=3.1415876535$

$n=199999, p=3.1415976536$

$n=200000, p=3.1415876536$

$n=200001, p=3.1415976536$

由实验结果可以发现，其收敛速度缓慢，精确到小数点后 5 位需要循环 20 万次。因此，必须对计算方法进行改进。我们知道对上述 Taylor 级数，当 $|x|$ 越小时级数收敛速度越快，这启示我们另外构造相关级数来逼近 π。事实上，容易证明：

$$\frac{\pi}{4} = \arctan 1 = \arctan \frac{1}{2} + \arctan \frac{1}{3} \qquad (7-3)$$

因此可以利用

$$\pi = 4\left(\arctan \frac{1}{2} + \arctan \frac{1}{3}\right) = 4\sum_{n=1}^{\infty} \frac{(-1)^{n-1}}{2n-1}\left(\frac{1}{2^{2n-1}} + \frac{1}{3^{2n-1}}\right)$$

来计算 π 的近似值。在计算编程过程中，要注意到

$$\frac{1}{2^{2n-1}} + \frac{1}{3^{2n-1}} = \frac{2}{4^n} + \frac{3}{9^n}$$

并利用循环来实现乘幂，以减少计算量。

MATLAB 程序：

```
    clear;
    n=0;
    r=1;
    p=0;
    k=-1;
    a=1;
    b=1;
    while r>=1.0e-5
        n=n+1;
        k=k*(-1);
        a=4*a;b=9*b;
        p1=p+k/(2*n-1)*(2/a+3/b);
        r=abs(4*(p1-p));
```

$$\text{fprintf}('n = \%.0f, p = \%.10f\backslash n', n, 4 * p1);$$

$$p = p1;$$

　　　end

运行结果如下：

　　　　　　⋮

$n = 5, p = 3.1417411974$

$n = 6, p = 3.1415615879$

$n = 7, p = 3.1415993410$

$n = 8, p = 3.1415911844$

由实验结果可以看出,同样精确到小数点后 5 位只需要循环 8 次。显然,这个算法的收敛速度要比利用式(7-2)的算法快得多。同时,这种改进的思想表明进一步缩小级数中 $|x|$ 的值,逼近速度会更快,于是人们构造了许多公式。例如：

$$\frac{\pi}{4} = 4\arctan\frac{1}{5} - \arctan\frac{1}{239} \tag{7-4}$$

$$\frac{\pi}{4} = 2\arctan\frac{1}{3} + \arctan\frac{1}{7} \tag{7-5}$$

$$\frac{\pi}{4} = 22\arctan\frac{1}{28} + 2\arctan\frac{1}{443} - 5\arctan\frac{1}{1393} - 10\arctan\frac{1}{11018} \tag{7-6}$$

其中式(7-4)是由英国天文学家麦琴(Machin)于 1706 年给出的,并且他利用此公式求得了 π 的第 100 位小数,故式(7-4)被称为 Machin 公式。它的证明是比较简单的,事实上,

　　记 $\alpha = \arctan\dfrac{1}{5}$,则 $\tan\alpha = \dfrac{1}{5}$, $\tan 2\alpha = \dfrac{5}{12}$, $\tan 4\alpha = \dfrac{120}{119}(>1)$

　　令 $\beta = 4\alpha - \dfrac{\pi}{4}$,则 $\tan\beta = \tan(4\alpha - \dfrac{\pi}{4}) = \dfrac{1}{239}$, $\beta = \arctan\dfrac{1}{239}$

从而 $\dfrac{\pi}{4} = 4\alpha - \beta$,即

$$\frac{\pi}{4} = 4\alpha - \beta = 4\arctan\frac{1}{5} - \arctan\frac{1}{239}$$

运用类似的思想,读者还可以推导出其它类似的公式。到了 18 世纪、19 世纪还有不少人进行这方面的工作,π 的小数点后面的位数不断增加。1948 年英国的弗格森和美国的伦奇共同发表了 π 的 808 位小数值,成为人工计算圆周率值的最高纪录。显然,这种位数的推进还可以无限进行下去,但它自身在理论上已无多大意义。另一方面,这个工作的进一步深入,对知识、方法、计算技术和工具要求越来越高,直到现在仍然还有人在这方面做不懈的努力。

3. 数值积分方法

　　除了用上述古典方法和逼近方法求 π 的近似值以外,也有人尝试用其它方法来计算,比如用数值积分的方法。在微积分中我们知道

$$\frac{\pi}{4} = \int_0^1 \frac{1}{1+x^2}\mathrm{d}x, \quad \text{或} \quad \pi = \int_0^1 \frac{4}{1+x^2}\mathrm{d}x$$

只要能求出上式右端积分的近似值就可以计算 π 的值。因此,问题就转化为如何用数值计算的方法来求定积分的近似值,这也是数学上经常遇到的一类问题——数值积分问题。在实际问题中经常遇到这样的定积分,被积函数不是由解析式给出,而是用图形或图表给出;或者虽是一个解析式,但求其原函数很困难,甚至“积不出来”,这时都需要考虑定积分的近似计算。如概率积分、椭圆积分

$$\int_0^1 \mathrm{e}^{-x^2}\mathrm{d}x, \quad \int_0^1 \frac{1}{\sqrt{1+x^4}}\mathrm{d}x \text{ 等}$$

　　那么,如何进行积分的数值计算呢? 我们知道,定积分就是一种特定和式的极限

$$\int_a^b f(x)\mathrm{d}x = \lim_{n\to\infty,\, d\to 0} \sum_{k=1}^n f(\xi_k)\Delta x_k, \quad d = \max_{1\leqslant k\leqslant n}\{|\Delta x_k|\}$$

当被积函数 $f(x)$ 在 $[a,b]$ 上连续时,对任意的区间划分方法和 ξ_k 的取法,上述和式极限存在。因此,只要计算出相应和式的近似值,就得到了所给定积分的近似值,且当分点无限增加时,和式的值逼近定积分的值,这就是数值积分的基本思想。

　　下面介绍两种常用而又简便的定积分近似计算方法。

　　(1)梯形法。

　　将区间 $[a,b]$ 任意分成 n 份: $a=x_0<x_1<\cdots<x_n=b$,如图 7.1 所示。在每个子区间 $[x_{i-1}, x_i]$ 上用梯形面积近似代替曲边梯形面积后再相加,所得结果为积分的近似值,即

$$\int_a^b f(x)\mathrm{d}x \approx \sum_{i=1}^n \left(\frac{f(x_{i-1})+f(x_i)}{2}(x_i-x_{i-1})\right)$$

特别地,当把 $[a,b]$ 进行 n 等分时,有

$$\int_a^b f(x)\mathrm{d}x \approx \frac{h}{2}\left(f(a)+2\sum_{i=1}^{n-1}f(x_i)+f(b)\right), \quad h=\frac{b-a}{n} \qquad (7-7)$$

公式(7-7)称为**梯形公式**。按照此公式,当区间分点向量 $\boldsymbol{X}=(x_0, x_1, \cdots, x_n)$ 和相应的被积函数值向量 $\boldsymbol{Y}=(f(x_0), f(x_1), \cdots, f(x_n))$ 已知时,可以求得曲线在积分区间上所构成的曲边梯形的面积的近似值。MATLAB 软件据此编制好了相

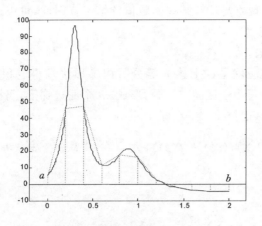

图 7.1　数值积分示意图

应的梯形法命令 **trapz**,具体格式是

$$z = \textbf{trapz}(X, Y)$$

其中 X, Y 为分点向量,z 为曲边梯形的面积。下面我们以积分 $\pi = \int_0^1 \dfrac{4}{1 + x^2} \mathrm{d}x$ 为例,利用梯形法命令 trapz 来计算 π 的近似值。

MATLAB 程序

```
f=inline('4./(1+x. * x)');
x=0:0.1:1;
y=f(x);
p=trapz(x,y);
fprintf('p=%.6f\n',p)
```

运行结果如下:

$p = 3.139926$

如果增加分点个数,计算精度将有所提高:

```
f=inline('4./(1+x. * x)');
x=0:0.01:1;
y=f(x);
p=trapz(x,y);
fprintf('p=%.6f\n',p)
```

运行结果如下:

$p = 3.141576$

容易看出,上述算法当 n 增大时,精度逐步提高。但另一方面,当 n 增大不但计算量增加而且出现重复计算某些函数值的情况。因此,可以改进梯形近似计算方法,提高其计算效率。

(2)复化梯形法。

所谓复化梯形法就是在上述 n 等分时用梯形法求得定积分的近似值(记作 T_n)的情形下,再将每个子区间二等分,形成 $2n$ 个曲边梯形,仍按梯形法的思想求得定积分的近似值(记作 T_{2n})。于是

$$T_n = \frac{h}{2}(f(a) + 2\sum_{i=1}^{n-1} f(x_i) + f(b)), \quad h = \frac{b-a}{n}, \quad x_i = a + ih, \quad i = 0, 1, \cdots, n$$

$$(7-8)$$

所以

$$T_{2n} = \frac{h}{4}(f(a) + 2\sum_{i=1}^{n-1} f(x_i) + 2\sum_{i=1}^{n} f(\frac{x_{i-1} + x_i}{2}) + f(b)), \quad h = \frac{b-a}{n}$$

$$(7-9)$$

将式(7-8)代入式(7-9),得

$$T_{2n} = \frac{1}{2}(T_n + h\sum_{i=1}^{n} f(a + (i - \frac{1}{2})h)), \quad h = \frac{b-a}{n} \qquad (7-10)$$

这就是由 T_n 计算 T_{2n} 的复化梯形公式(7-10)。显然,此公式是一种递推关系,它为实际编程计算带来了很大的方便,可以实现计算精度的自动控制。下面我们根据等式 $\pi = \int_0^1 \frac{4}{1+x^2} dx$,利用复化梯形公式(7-10)来计算 π 的近似值。

取 $f(x) = \frac{4}{1+x^2}$, $[a, b] = [0, 1]$, $n=1$,于是

$$T_1 = \frac{h}{2}[f(a) + f(b)], \quad h = b - a,$$

$$T_{2n} = \frac{1}{2}(T_n + h\sum_{i=1}^{n} f(a + (i - \frac{1}{2})h)), \quad h = \frac{b-a}{n}, \quad n = 1, 2, \cdots$$

根据上述递推公式编制 MATLAB 程序

```
clear;
f=inline('4./(1+x.*x)');
a=0;b=1; n=1;
h=(b-a)/n;
t1=h/2*(f(a)+f(b));
er=1;k=1;
while er>1.0e-5
    s=0;
```

```
for i=1:n
    s=s+f(a+(i-1/2)*h);
end
t2=(t1+h*s)/2;
er=abs(t2-t1);
fprintf('n=%.0f,p=%.6f,r=%.6f\n',k,t2,er);
n=2*n; h=h/2; t1=t2;
k=k+1;
end
```

运行结果如下：

$\vdots$

$n=6, p=3.141552, r=0.000122$

$n=7, p=3.141582, r=0.000031$

$n=8, p=3.141590, r=0.000008$

可以看出随着分点的增加，循环的继续，计算结果的精度在逐步提高。也就是说，用直边梯形的面积代替曲边梯形的面积，随着分点的增加误差逐步减小，最终趋近于零。从另一种角度来考虑，其实质就是在较小范围内用直线（一次曲线）近似代替积分曲线来求解定积分的近似值。由此我们进一步思考，能否用二次曲线来代替积分曲线，从而用二次曲线下面积近似求得曲边梯形的面积来减少误差，提高近似值的精度呢？下面介绍的抛物线方法就是基于这种思路所产生的。

（3）抛物线（Simpson）方法。

同梯形法的逼近思想类似，抛物线法是在每个子区间 $[x_{i-1}, x_i]$ $(i=1, 2, \cdots, n)$ 中增加其中点，再考虑经过两个端点及中点所确定的抛物线，用此抛物线在该子区间上所构成的曲边梯形的面积 A_i 近似代替所求积分曲线在同一子区间上所构成的曲边梯形的面积，将所有这些近似结果相加作为积分的近似值，其实质就是在每个子区间上用二次曲线来近似代替积分曲线。

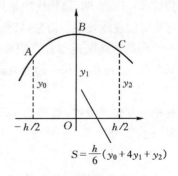

$$S=\frac{h}{6}(y_0+4y_1+y_2)$$

图 7.2　抛物线下面积计算

下面来计算每个子区间上由抛物线所构成的曲边梯形的面积 A_i。为此，我们在子区间 $[x_{i-1},$

$x_i]$ 上重新建立一个坐标系，如图 7.2 所示。先求过点 $A\left(-\dfrac{h}{2}, y_0\right)$，$B(0, y_1)$，

$C(\dfrac{h}{2},\ y_2)$ 的抛物线 $y=px^2+qx+r$ 的方程。其次,计算 $[-\dfrac{h}{2},\ \dfrac{h}{2}]$ 上以所求抛物线为曲边的曲边梯形的面积 $S=\dfrac{h}{6}(y_0+4y_1+y_2)$(读者自己完成)。

代入具体函数值,不难得到所求面积

$$A_i=\frac{x_i-x_{i-1}}{6}\Big[f(x_{i-1})+4f(\frac{x_{i-1}+x_i}{2})+f(x_i)\Big]$$

显然,这个曲边梯形面积仅与所经过的三点的纵坐标及底边的长度有关。于是,每个子区间上对应的曲边梯形的面积均可按此结果获得,再逐个累加,从而得到抛物线法的计算公式:

$$\int_a^b f(x)\mathrm{d}x\approx\sum_{i=1}^{n}\left(\frac{x_i-x_{i-1}}{6}\Big[f(x_{i-1})+4f\Big(\frac{x_{i-1}+x_i}{2}\Big)+f(x_i)\Big]\right)$$

当 $[a,b]$ 被划分为 n 等分时,

$$\int_a^b f(x)\mathrm{d}x\approx\frac{h}{6}\Big(f(a)+2\sum_{i=1}^{n-1}f(x_i)+4\sum_{i=1}^{n}f\Big(\frac{x_{i-1}+x_i}{2}\Big)+f(b)\Big),h=\frac{b-a}{n}$$

$$(7-11)$$

公式(7 - 11)称为**抛物线积分公式**,又称为**辛普森(Simpson)公式**。

另一方面,仔细观察,不难发现公式(7 - 8)、公式(7 - 9)和公式(7 - 11)之间存在着一定关系。事实上,若记公式(7 - 11)的右端值为 S_n,则可以证明:

$$S_n=\frac{1}{3}(4T_{2n}-T_n)=T_{2n}+\frac{1}{3}(T_{2n}-T_n) \qquad (7-12)$$

公式(7 - 12)表明,抛物线法是复化梯形法的进一步修正,事实表明它比复化梯形法有更好的收敛效果。而且,只要通过梯形法和复化梯形法的结果就可以进行计算。

用抛物线法近似计算积分,当被积函数 $f(x)$ 在区间 $[a,b]$ 上的表达式已知时,MATLAB 提供了积分命令 **quad**,其使用格式为

$$z=\mathbf{quad}('f',a,b)$$

其中 f 为被积函数,通常由 inline 或 function 来定义。a,b 分别为积分下限和上限,z 为积分结果。

```
clear;
f=inline('4./(1+x.*x)');
a=0;b=1; n=1;
z=quad(f,a,b);
fprintf('z=%.10f\n',z)
```

运行结果如下:

z= 3.1415926829

有关梯形法、抛物线法的误差分析以及数值积分的进一步结果,可以参看有关计算方法方面的文献和书籍,这里不再赘述了。

4. 圆周率 π 的蒙特卡罗计算方法

蒙特卡罗方法(Monte Carlo method),也称统计模拟方法,是二十世纪四十年代中期由于科学技术的发展和电子计算机的发明,而被提出的一种以概率统计理论为指导的一类非常重要的数值计算方法。

该方法按照实际问题所遵循的概率统计规律,用电子计算机进行直接的抽样试验,然后计算其统计参数。也可以人为地构造出一个合适的概率模型,依照该模型进行大量的统计实验,使它的某些统计参量正好是待求问题的解。

利用蒙特卡罗方法计算 π 的方法如下。

如图 7.3 是一个半径为 1 的正方形和四分之一单位圆。在正方形中任取一点,该点落入四分之一圆中的概率为 $\frac{\pi}{4}$。

若在正方形中任取 n 个点,其中 m 个点落入四分之一圆中,则当 m、n 充分大时,有 $\frac{m}{m} \approx \frac{\pi}{4}$,据此可以近似计算 π 的值。程序如下:

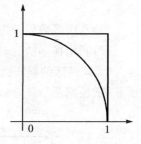

图 7.3　$\frac{1}{4}$ 单位圆与单位正方形

```
cs=0
n=500        %随机取点数
for i=1:n
    a=rand(1,2);
    if a(1)^2+a(2)^2<=1
        cs=cs+1
    end
end
4*cs/n
```

在上面程序中,依次取 n=500,1000,3000,5000,50000,算得圆周率 π 的近似值分别为

3.18400000000000

3.10400000000000

3.13866666666667

3.12080000000000

3.14376000000000

可以看出,该方法简单易行,但是算法收敛速度比较慢。在精度要求不是很高的情况下,这种取随机数进行数据模拟的方法还是有一定的实用价值的,通过简单编程可以模拟出许多数学现象。

实验 7 上机练习题

1. 计算 π 的近似值(精确到 10^{-5})。要求:

(1)利用级数展开公式(7-2)—(7-6)来计算。

(2)利用梯形法公式(7-10)、抛物线法公式(7-12)分别进行计算并加以比较。

2. 试按照本实验的思想方法和有关公式,计算 ln2 的近似值(精确到 10^{-5})。要求:

(1)利用级数展开方法来计算,并尝试构造快速逼近公式进行计算。

(2)利用梯形法、抛物线法分别进行计算并加以比较。

3. 某河床的横断面如图 7.4 所示,为了计算最大的排洪量,需要计算它的断面积,试根据图示测量数据(单位:米)用梯形法计算其断面积。

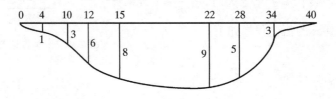

图 7.4　河道河床截面图

4. 某公司投资 2000 万元建成一条生产线。投产后,在时刻 t 的追加成本和追加收益分别为 $G(t)=5+2t^{2/3}$(百万元/年),$H(t)=17-t^{2/3}$。试确定该生产线在何时停产可获最大利润? 最大利润是多少?

5. 从地面发射一枚火箭,在最初 100 秒内记录其加速度如表 7-1 所示,试求火箭在 100 秒时的速度。

表 7-1　火箭加速度表

t(s)	0	10	20	30	40	50	60	70	80	90	100
a (m/s^2)	30.00	31.63	33.44	35.47	37.75	40.33	43.29	46.69	50.67	54.01	57.23

6. 计算椭圆 $\dfrac{x^2}{4}+y^2=1$ 的周长,使结果具有五位有效数字。

7. 利用高等数学知识可以证明下面公式

(1) $\dfrac{\pi^2}{8} = \sum\limits_{n=1}^{\infty} \dfrac{1}{(2n-1)^2}$;　　　　　　　(2) $\dfrac{\pi^2}{12} = \sum\limits_{n=1}^{\infty} \dfrac{(-1)^{n-1}}{n^2}$;

(3) $\dfrac{\pi^3}{32} = \sum\limits_{n=1}^{\infty} \dfrac{(-1)^{n-1}}{(2n-1)^3}$;　　　　　　(4) $\dfrac{\pi(\pi-1)}{8} = \sum\limits_{n=1}^{\infty} \dfrac{\sin(2n-1)}{(2n-1)^3}$。

请按照上述公式分别编程计算 π 的值,并与式(7-2)的计算结果,就精度和迭加次数进行比较,能得出怎样的结论。

8. 基于关系式 $\displaystyle\int_0^1 \dfrac{1}{1+x^2}\,\mathrm{d}x = \dfrac{\pi}{4}$,利用蒙特卡罗方法近似计算 π。

实验 8

河流流量估计与数据插值

实验问题

一条 100 米宽的河道截面如图 8.1 所示,为了测量其流量需要知道河道的截面积。为此从一端开始每隔 5 米测量出河床的深度如表 8-1 所示:

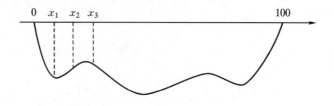

图 8.1 河道河床截面图

表 8-1 河床的深度(单位:米)

坐标	x_1	x_2	x_3	x_4	x_5	x_6	x_7	x_8	x_9	x_{10}
深度	2.41	2.96	2.15	2.65	3.12	4.23	5.12	6.21	5.68	4.22
坐标	x_{11}	x_{12}	x_{13}	x_{14}	x_{15}	x_{16}	x_{17}	x_{18}	x_{19}	x_{20}
深度	3.91	3.26	2.85	2.35	3.02	3.63	4.12	3.46	2.08	0

试根据以上数据,估计出河道的截面积,进而在已知流速(设为 1 m/s)的情况下计算出河流流量。若在此位置沿河床铺设一条光缆,试估计光缆的长度。

本问题是要利用已知的数据点来获取一条穿过这些点的河床函数曲线。这是实际问题中经常遇到的数据处理问题之一,在数学上可以用数据插值的方法来解决。

实验目的

通过分析、推导,掌握数据插值的基本方法,从而获取河床近似曲线;通过对插值方法的进一步讨论,了解插值的"龙格"现象;熟悉常用的分段线性插值和样条插值的使用方法。

实验内容

1. 数据插值

假定给定的 n 个数据点 (x_1, y_1), (x_2, y_2), $\cdots$, (x_n, y_n) 的观测值都是准确的,为了寻找它们所反映的规律,求解一条严格通过各数据点的曲线,用它来进行分析研究和预测,这种方法通常称为插值法。在这类问题中,选取一条何种类型的曲线作为插值函数是求解的关键。由于多项式曲线是函数曲线中较为简单的曲线,因此,我们首先考虑选取多项式函数作为插值函数来进行求解——多项式插值。

(1)多项式插值。

事实上,对于已知的 n 个数据点 (x_1, y_1), (x_2, y_2), $\cdots$, (x_n, y_n),总可以唯一地确定一条 $n-1$ 次多项式曲线 $y = a_0 + a_1 x + \cdots + a_{n-1} x^{n-1}$。因为 n 个数据点都在曲线上,所以有

$$\begin{cases} a_0 + a_1 x_1 + \cdots + a_{n-1} x_1^{n-1} = y_1 \\ a_0 + a_1 x_2 + \cdots + a_{n-1} x_2^{n-1} = y_2 \\ \quad\quad\quad\quad\quad \vdots \\ a_0 + a_1 x_n + \cdots + a_{n-1} x_n^{n-1} = y_n \end{cases}$$

即

$$\begin{bmatrix} 1 & x_1 & \cdots & x_1^{n-1} \\ 1 & x_2 & \cdots & x_2^{n-1} \\ \vdots & \vdots & & \vdots \\ 1 & x_n & \cdots & x_n^{n-1} \end{bmatrix} \begin{bmatrix} a_0 \\ a_1 \\ \vdots \\ a_{n-1} \end{bmatrix} = \begin{bmatrix} y_1 \\ y_2 \\ \vdots \\ y_n \end{bmatrix}$$

令

$$\boldsymbol{A} = \begin{bmatrix} 1 & x_1 & \cdots & x_1^{n-1} \\ 1 & x_2 & \cdots & x_2^{n-1} \\ \vdots & \vdots & & \vdots \\ 1 & x_n & \cdots & x_n^{n-1} \end{bmatrix}, \quad \boldsymbol{x} = \begin{bmatrix} a_0 \\ a_1 \\ \vdots \\ a_{n-1} \end{bmatrix}, \quad \boldsymbol{y} = \begin{bmatrix} y_0 \\ y_1 \\ \vdots \\ y_n \end{bmatrix},$$

则所求的多项式系数为方程组 $Ax=y$ 的解。由于系数矩阵的转置 A^T 为范德蒙矩阵，当数据点互不相同时，其行列式 $|A|\neq 0$，从而，根据克拉默法则知，方程组 $Ax=y$ 有唯一的一组解

$$x=[a_0, a_1, \cdots, a_{n-1}]^T = A^{-1}y$$

再令 $p=[a_{n-1}, a_{n-2}, \cdots, a_1, a_0]$，利用 MATLAB 提供的计算以向量 **p** 为系数的多项式值的命令 **polyval**，可以求得多项式函数任意一点的值。其使用格式为

$$y0=polyval(p,x0)$$

其中 **p** 为多项式系数（从高次到低次排列）向量，**x0** 为所要求值的点或向量，**y0** 为返回 **x0** 处的函数值，从而可以绘制该多项式曲线。

这种方法称为 **n 次多项式插值**，所得的多项式称之为 **n 次插值多项式**。这个算法通常被称为 **Lagrange** 插值法。为了后面使用方便，我们据此编制一个 **Lagrange**插值函数命令程序以方便使用。

编写 MATLAB 程序：

```
function p＝lagrange(x,y)    ％输入数据点坐标向量 x,y,输出插值多项
                                式系数 p
    L＝length(x);
    A＝ones(L);
    for j＝2:L
        A(:,j)＝A(:,j-1). * x';
    end
    X＝inv(A) * y';
    for i＝1:L
        p(i)＝X(L-i+1);
    end
```

用 lagrange 作为文件名存盘，就可以进行调用了。下面通过两个例子说明其使用方法。

例 8-1　已知观测数据

x	1	2	3	4	5
y	-1	1.5	2.1	3.6	4.9

求其插值多项式曲线。

分析：这是对 5 个数据点进行插值，求解相应的 4 次多项式曲线，利用前面编

制好的插值函数 lagrange. m 来实现。程序及结果如下：

```
x=[1 2 3 4 5];
y=[-1 1.5 2.1 3.6 4.9];
plot(x,y,'k.','markersize',15)
axis([1 5 -1 5])
grid;
hold on
p=lagrange(x,y);
t=1:0.1:5;
u=polyval(p,t);
plot(t,u,'r-')
```

运行结果如图 8.2 所示。

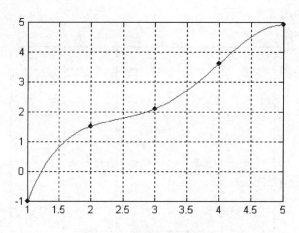

图 8.2 插值结果曲线图

从结果图示可以看出,所插值出的 4 次多项式曲线较好地连接了 5 个数据点,从而可以用此多项式曲线作为这 5 个数据的一个近似变化。那么,当数据点增多时情况又如何呢?

例 8 - 2 已知观测数据

x	0	0.1	0.2	0.3	0.4	0.5	0.6	0.7	0.8	0.9	1
y	-0.447	1.978	3.28	6.16	7.08	7.34	7.66	9.56	9.48	9.3	11.2

求其插值多项式曲线。

分析：这是对 11 个数据点进行插值，求解相应的 10 次多项式曲线。同例 8-1 的处理过程一样，程序及结果如下：

```
x=0:0.1:1;
y=[-0.447 1.978 3.28 6.16 7.08 7.34 7.66 9.56 9.48 9.3 11.2];
plot(x,y,'k.','markersize',15)
axis([0 1 -2 16])
grid;
hold on
p=lagrange(x,y);
t=0:0.01:1;
u=polyval(p,t);
plot(t,u,'r-')
```

运行结果如图 8.3 所示。

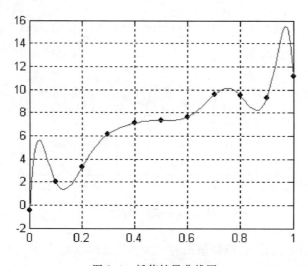

图 8.3　插值结果曲线图

从结果图示可以看出，所插值出的 10 次多项式曲线，在数据点之间产生大的起伏波动，与数据点的变化趋势有明显的偏离，这时曲线并不能很好地反映数据点的变化规律。而且，进一步实验发现，随着分点的增加，**Lagrange** 插值出现大的起伏波动越明显，这就是插值问题中典型的"龙格（Runge）现象"。对以下问题进行实验。

例 8-3　对函数 $y=\dfrac{1}{1+20x^2}$，在 $[-5,5]$ 上以 1 为步长进行划分作**Lagrange**

插值,观察函数曲线(虚线)与插值曲线(实线)的变化。

程序及结果如下:

```
x=-5:0.1:5;
y=1./(1+20*x.*x);
plot(x,y,'k--','linewidth',2)
axis([-5 5 -1.2 6])
grid;
hold on
x=-5:5;
y=1./(1+20*x.*x);
p=lagrange(x,y);
t=-5:0.1:5;
f=polyval(p,t);
plot(t,f,'r-')
```

运行结果如图 8.4 所示。

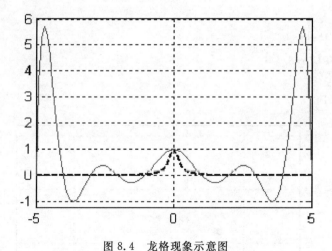

图 8.4　龙格现象示意图

　　针对高次多项式插值时容易发生"龙格现象",在实际插值计算时,常常采用分段低次多项式插值的方法,即在相邻两个数据点构成的子区间上分别进行低次插值,整个区间上的插值函数将是一个分段的多项式函数。对此 MATLAB 提供了插值命令 **interp1**,其格式:

$$y0 = \text{\textbf{interp1}}(x,y,x0,'method')$$

其中 x,y 为已知数据点坐标向量,x0 为需要求解插值多项式的值的坐标点,y0 为对应 x0 处的插值多项式的值,method 为插值类型:省略时为线性插值;取 spline 时为三次样条插值。

(2)分段线性插值。

当每个子区间上为一次多项式插值时,相应的插值称为**分段线性插值**。几何上为相邻两个数据点间用直线连接。此时,估计的中间值落在数据点之间的直线上。当然,当数据点个数增加和它们之间距离减小时,线性插值就更精确。MAT-LAB 的线性插值命令:

$$y0 = interp1(x,y,x0)$$

其中 x,y 为已知数据点坐标向量,y0 为对应所求点 x0 处的插值结果。利用线性插值命令我们对例 8-2 进行分段线性插值,程序及结果如下:

```
x=0:0.1:1;
y=[-0.447 1.978 3.28 6.16 7.08 7.34 7.66 9.56 9.48 9.3 11.2];
plot(x,y,'k.','markersize',15)
axis([0 1 -2 16])
grid;
hold on
t=0:0.01:1;
u=interp1(x,y,t);
plot(t,u,'r-')
```

运行结果如图 8.5 所示。

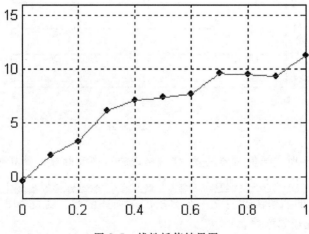

图 8.5　线性插值结果图

　　从图 8.5 可以看出,分段线性插值有效地回避了插值问题中的"龙格现象",结果连线也大致描述了已知数据点的变化规律。但很明显,由分段直线连接的插值曲线在节点处不光滑,不可导。那么,如何获得一条连续光滑的又不发生"龙格现象"的插值曲线来连接已知的数据点呢? 这可以运用三次样条插值方法来实现。

　　(3) 三次样条插值。

　　如果不采用直线连接数据点,而采用某些光滑的、变化平缓的曲线来拟合数据点。最常用的方法是用一个 3 次多项式,来对相继数据点之间的各段建模,使其满足相邻两个 3 次多项式在节点处 1 阶、2 阶导数都相等,这样可以确定内部各段上的 3 次多项式,并且多项式通过节点的斜率和曲率是连续的。而第一个和最后一个多项式必须附加其他约束条件,使其得以确定。这种类型的插值被称为**三次样条插值**或**样条插值。**

　　事实上,对于已知的 n 个数据点 $(x_1,y_1),(x_2,y_2),\cdots,(x_n,y_n)$,设函数 $S(x)$ 在每个子区间 $[x_i,x_{i+1}]$ 上为一个三次多项式函数 $S_i(x)=a_ix^3+b_ix^2+c_ix+d_i$　$(i=1,2,\cdots,n-1)$,满足:

　　① $S_{i-1}(x_i)=S_i(x_i)$ $(i=2,3,\cdots,n-1)$;

　　② $S'_{i-1}(x_i)=S'_i(x_i)$ $(i=2,3,\cdots,n-1)$;

　　③ $S''_{i-1}(x_i)=S''_i(x_i)$ $(i=2,3,\cdots,n-1)$。

在端点处满足:

　　① $S_1(x_1)=y_1$, $S_n(x_n)=y_n$;

　　② $S'_1(x_1)=\alpha_1$, $S'_n(x_n)=\beta_1$　　$(\alpha_1,\beta_1$ 为端点的一阶导数值$)$;

　　③ $S''_1(x_1)=S''_n(x_n)$。

　　利用这些条件可以建立确定各段三次多项式相应的大型线性方程组(通常为三对角型)。理论上可以证明此方程组有唯一解,从而确定可以由 n 个三次多项式组成的分段三次多项式函数 $S(x)$——**三次样条插值函数。**

　　根据以上思路,MATLAB 提供了样条插值命令,格式如下:

　　　　　　y0＝**interp1**(x,y,x0,′spline′) 或 y0＝**spline**(x,y,x0)

其中 x,y 为已知数据点坐标向量,y0 为对应的三次样条插值函数上所求点 x0 处的值。利用样条插值命令我们对例 8‑2 进行三次样条插值,程序及结果如下:

x＝0:0.1:1;

y＝[−0.447 1.978 3.28 6.16 7.08 7.34 7.66 9.56 9.48 9.3 11.2];

plot(x,y,′k.′,′markersize′,15)

axis([0 1 −2 16])

grid;pause(0.5)

hold on

```
t=0:0.01:1;
u=spline(x,y,t);
plot(t,u,'r-')
```
运行结果如图 8.6 所示。

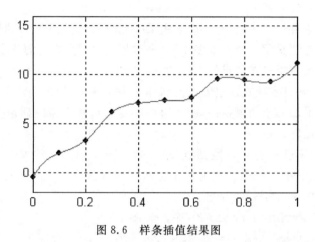

图 8.6　样条插值结果图

从图 8.6 可以看出，样条插值所得的曲线比较好地连接了已知的数据点，既有效地回避了插值问题中的"龙格现象"，又是连续光滑的，用此曲线来近似描述已知数据点的变化规律，应该说能比较好地进行数据点之间的预测分析和求值。

2. 实验问题求解

上面我们已经分析了解了关于数据插值问题的多种方法，由于 Lagrange 插值容易发生"龙格现象"，所以常用的是分段线性插值和三次样条插值。为此，我们用分段线性插值和三次样条插值分别求解河床曲线。

(1)画出河床观测点的散点图。

```
clf;clear
x=0:5:100;
y=[0 2.41 2.96 2.15 2.65 3.12 4.23 5.12 6.21 5.68 4.22 …
    3.91 3.26 2.85 2.35 3.02 3.63 4.12 3.46 2.08 0];
y1=10-y;
plot(x,y1,'k.','markersize',18);
axis([0 100 0 10]);
grid
```
运行结果如图 8.7 所示。

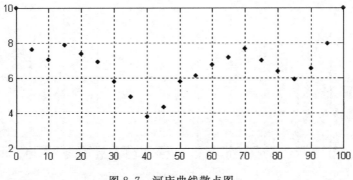

图 8.7　河床曲线散点图

（2）利用分段线性插值绘制河床曲线。

根据已知的数据可以进行分段线性插值，在此基础上利用梯形法求积分命令 trapz 来计算河床截面积，同时，计算每一段连接线长度之和来近似河床曲线长度。程序及结果如下：

```
clf;clear
x=0:5:100;
y=[0  2.41  2.96  2.15  2.65  3.12  4.23  5.12  6.21  5.68  4.22 …
    3.91  3.26  2.85  2.35  3.02  3.63  4.12  3.46  2.08  0];
y1=10-y;
plot(x,y1,'k.','markersize',15);
axis([0 100 2 10])
grid;hold on
t=0:100;
u=interp1(x,y1,t);
plot(t,u)
S=100*10-trapz(x,y1);
p=sqrt(diff(x).^2+diff(y1).^2);
L=sum(p);
fprintf('S=%.2f , L=%.2f\n',S,L)
```

运行结果如图 8.8 所示：

河床截面面积：$S=337.15$ m^2；

河床曲线长度：$L=102.09$ m。

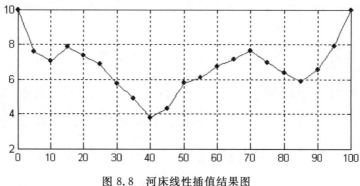

图 8.8　河床线性插值结果图

(3)利用样条插值绘制河床曲线。

为了提高河床曲线的模拟精度,可以根据已知数据进行三次样条插值,在此基础上利用梯形法求积分命令 trapz 来计算河床截面积,同时对样条曲线加密分段,计算每一段连接线长度之和来近似河床曲线长度。程序及结果如下:

```
x=0:5:100;
y=[0  2.41  2.96  2.15  2.65  3.12  4.23  5.12  6.21  5.68  4.22 …
    3.91  3.26  2.85  2.35  3.02  3.63  4.12  3.46  2.08  0];
y1=10-y;
plot(x,y1,'k.','markersize',15);
axis([0 100 2 10])
grid;hold on
t=0:100;
u=spline(x,y1,t);
plot(t,u)
S=100*10-trapz(t,u);
p=sqrt(diff(t).^2+diff(u).^2);
L=sum(p);
fprintf('S=%.2f , L=%.2f\n',S,L)
```

运行结果如图 8.9 所示:

河床截面面积:$S=339.43$ m^2;

河床曲线长度:$L=102.22$ m。

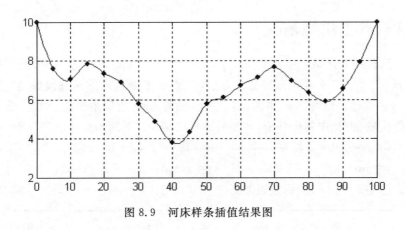

图 8.9　河床样条插值结果图

小　结

下面表 8 – 2 和表 8 – 3 给出了在 MATLAB 中有关多项式和插值函数的指令。

表 8 – 2　多项式函数

$p=[a_n, a_{n-1}, \cdots, a_1, a_0]$	向量 p 表示多项式 $y=a_n x^n + a_{n-1} x^{n-1} + \cdots + a_1 x + a_0$
y0＝polyval(p, x0)	求多项式 p 在 x0 各点的函数值 y0
q＝polyder(p)	对多项式 p 求导，返回导函数多项式的系数 q
r＝roots(p)	求多项式 p 的全部根，返回根向量 r
p＝poly(r)	用根 r 构造多项式，返回多项式的系数 p

表 8 – 3　插值函数

p＝lagrange(x, y)（自编）	对(x, y)进行 Lagrange 插值，返回 n－1 次多项式系数 p
y0＝interp1(x, y, x0)	对(x, y)进行分段线性插值，返回 x0 各点函数值 y0
y0＝interp1(x, y, x0, 'spline')	对(x, y)进行三次样条插值，返回 x0 各点函数值 y0
y0＝spline(x, y, x0)	对(x, y)进行三次样条插值，返回 x0 各点函数值 y0
y0＝interp1(x, y, x0, 'cubic')	对(x, y)进行三次曲线插值，返回 x0 各点函数值 y0

实验 8 上机练习题

1. 选择一些函数，在 n 个节点上（n 不要太大，取 10 个左右）分别用拉格朗日、分段线性、三次样条三种插值方法，计算 m 个插值点的函数值（m 要适中，如 50～80）。通过数值和图形输出，将三种插值结果与精确值进行比较。适当增加 n，再作比较，由此作初步分析，你能得出什么结论。下列函数供选择参考：

a. $y=\cos x, 0\leqslant x\leqslant 2\pi$;　　　　　b. $y=(1-x^2)^{1/2}, -1\leqslant x\leqslant 1$;

c. $y=\sin^{10}x, -2\leqslant x\leqslant 2$;　　　d. $y=x\exp(-x), -2\leqslant x\leqslant 2$.

2. 已知 $y=f(x)$ 的函数表如下：

x	0.40	0.55	0.65	0.80	0.90	1.05
y	0.41075	0.57815	0.69675	0.88811	1.02652	1.25382

求四次 Lagrange 插值多项式，并由此求 $f(0.596)$ 的近似值。

3. 瑞士地图如图 8.10 所示，为了算出它的国土面积，首先对地图作如下测量：以由西向东方向为 x 轴，由南向北方向为 y 轴，选取方便的点为原点，并将从最西边界点到最东边界点在 x 轴上的区间适当地划分为若干段，在每个分点的 y 方向测出南边界点和北边界点的 y 坐标 $y1$ 和 $y2$，这样就得到了如下数据（单位 mm）。已知地图的比例是 1：2222，试由测量的值计算瑞士的国土面积，并与它的精确值 41288 平方公里比较。

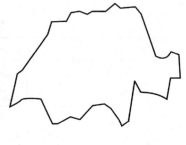

图 8.10

测量数据如下：

$x=[7.0, 10.5, 13.0, 17.5, 34, 40.5, 44.5, 48, 56, 61, 68.5, 76.5, 80.5, 91, 96, 101, 104, 106, 111.5, 118, 123.5, 136.5, 142, 146, 150, 157, 158]$

$y1=[44, 45, 47, 50, 50, 38, 30, 30, 34, 36, 34, 41, 45, 46, 43, 37, 33, 28, 32, 65, 55, 54, 52, 50, 66, 66, 68]$

$y2=[44, 59, 70, 72, 93, 100, 110, 110, 110, 117, 118, 116, 118, 118, 121, 124, 121, 121, 121, 122, 116, 83, 81, 82, 86, 85, 68]$

4.（综合练习题）请按照要求完成实验，撰写一份实验报告。

赛车道路路况分析问题

　　某单位欲在一旷野区域举行一场自行车赛,为了解环行赛道的路况,现对一选手比赛情况进行监测。该选手从 A 地出发向东到 B,再经 C、D 回到 A 地(见图 8.11)。现从选手出发开始计时,每隔 15 min 观测其位置,所得相应各点坐标如下表(假设其体力是均衡分配的):

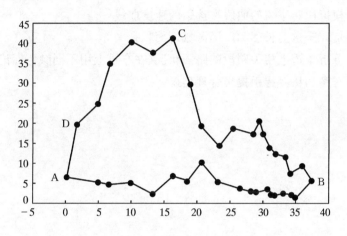

图 8.11 赛道散点分布图

由 A→B 各点的位置坐标(单位:km)

横坐标 x	0.2	4.96	6.55	9.71	13.17	16.23	18.36	20.53	23.15	26.49
纵坐标 y	6.66	5.28	4.68	5.19	2.34	6.94	5.55	9.86	5.28	3.87
横坐标 x	28.23	29.1	30.65	30.92	31.67	33.03	34.35	35.01	37.5	
纵坐标 y	3.04	2.88	3.68	2.38	2.06	2.58	2.16	1.45	6	

由 D→C→B 各点的位置坐标(单位:km)

横坐标 x	1.8	4.90	6.51	9.73	13.18	16.20	18.92	20.50	23.23	25.56
纵坐标 y	19.89	24.52	34.82	40.54	37.67	41.38	30.00	19.68	14.56	18.86
横坐标 x	28.31	29.45	30.00	30.92	31.67	33.31	34.23	35.81	37.5	
纵坐标 y	18.55	22.66	18.28	15.06	13.42	11.86	7.68	9.45	6	

假设：1. 车道几乎是在平地上，但有三种路况（根据平均速度 v(km/h) 大致区分）：

平整沙土路($v>30$)、坑洼碎石路($12<v<30$)、松软泥泞路($v<12$)；

2. 车道是一条连续的可以用光滑曲线来近似的闭合路线；

3. 选手的速度是连续变化的。

解决以下问题：

1. 模拟比赛车道的曲线和选手的速度曲线；

2. 估计车道的长度和所围区域的面积；

3. 分析车道上相关路段的路面状况（在车道上用不同颜色标记出来）；

4. 对参加比赛选手提出合理建议。

实验 9

人口预测与数据拟合

实验问题

1971 年到 1990 年各年我国人口数的统计数据如表 9-1 和图 9-1 所示。

表 9-1 我国人口统计数字（单位：亿）

年份	1971	1972	1973	1974	1975	1976	1977	1978	1979	1980
统计	8.523	8.718	8.921	9.086	9.242	9.372	9.497	9.626	9.754	9.871

年份	1981	1982	1983	1984	1985	1986	1987	1988	1989	1990
统计	10.007	10.165	10.301	10.436	10.585	10.751	10.930	11.103	11.27	11.433

试根据表 9-1 所给的数据，建立我国人口增长的近似曲线，并预测 2000 年、2005 年、2010 年我国的人口数量。

本问题是要通过已知的数据来预测这些数据的变化规律和趋势，寻找一个最能反映这个规律的函数曲线。这是数据处理问题中常见的一类问题，在数学上归结为最佳曲线拟合问题。

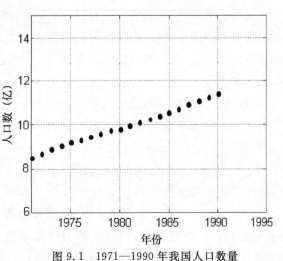

图 9.1 1971—1990 年我国人口数量

实验目的

通过对人口预测问题的分析求解，了解利用最小二乘法进行数据拟合的基本思想，熟悉寻找最佳拟合曲线的方法，掌握建立人口增长数学模型的思想方法。

实验内容

对于已知的关于自变量和因变量的一组数据(x_1, y_1)，(x_2, y_2)，…，(x_n, y_n)，寻找一个合适类型的函数 $y = f(x)$（如线性函数 $y = ax + b$，多项式函数 $y = a_n x^n + a_{n-1} x^{n-1} + \cdots + a_1 x + a_0$，指数函数 $y = e^{a+bx}$ 等），使它在观测点 x_1，x_2，…，x_n 处所取的值 $f(x_1)$，$f(x_2)$，…，$f(x_n)$ 与观测值 y_1，y_2，…，y_n 在某种衡量尺度下最接近，从而可用 $y = f(x)$ 作为由观测数据所反映的规律的近似表达式，这一问题在数学上被称为**最佳曲线拟合**问题。

从几何意义上讲，最佳曲线拟合问题等价于确定一条平面曲线（类型给定），使它和实验数据点"最接近"。这里并不要求曲线严格通过每个已知数据点，但在总体上要求曲线在各数据点处的取值与已知观测值之间的总体误差最小，这种方法的求解过程通常称为**数据拟合**，其实质是多元函数的极值问题。

1. 数据拟合（最小二乘法）

对于已知的一组数据(x_1, y_1)，(x_2, y_2)，…，(x_n, y_n)，首先设定某一类型的函数 $y = f(x)$，然后确定函数中的参数，使得在各点处的偏差 $r_i = f(x_i) - y_i (i = 1, 2, \cdots, n)$ 的平方和 $\sum\limits_{i=1}^{n} r_i^2$ 最小，这种根据偏差平方和最小的条件确定参数的方法叫做**最小二乘法**。工程技术和科学实验中有许多利用最小二乘法建立的经验公式。

在最小二乘问题中，函数 $f(x)$ 的选取是非常重要的，但同时又比较困难。通常可根据相关问题的经验来选取，再进行实验分析；针对某些实际问题，往往要对问题进行深入研究，分析问题变化的总体特征，确定问题求解的数学模型，再进行数据拟合。

(1)最小二乘法的基本思想。

对于拟合目标函数通常选取为一组线性无关的简单函数类（又称为**拟合基函数**）$\varphi_1(x)$，$\varphi_2(x)$，…，$\varphi_m(x)$ 的线性组合

$$f(x) = a_1 \varphi_1(x) + a_2 \varphi_2(x) + \cdots + a_m \varphi_m(x) \quad (m \leqslant n)$$

通过最小二乘法求出待定常数 $a_i (i = 1, 2, \cdots, m)$。当基函数为幂函数类 $1, x, x^2, \cdots, x^m$ 时，相应的拟合为**多项式拟合**；当基函数为指数函数类 $e^{\lambda_1 x}, e^{\lambda_2 x}, \cdots, e^{\lambda_m x}$ 时，相应的拟合为**指数拟合**；当基函数为三角函数类 $\sin x, \cos x, \sin 2x, \cos 2x, \cdots,$ $\sin mx, \cos mx$ 时，相应的拟合为**三角拟合**。当拟合函数设定之后，最小二乘拟合问

题就转化为多元函数的最小值问题:

$$\min_{a_1, a_2, \cdots, a_m \in R} \sum_{k=1}^{n} (a_1 \varphi_1(x_k) + a_2 \varphi_2(x_k) + \cdots + a_m \varphi_m(x_k) - y_k)^2$$

根据多元函数取得极值的必要条件,求得驻点满足的方程组(又称为**法方程组**)

$$\begin{cases} \sum_{k=1}^{n} \varphi_1(x_k)(a_1 \varphi_1(x_k) + a_2 \varphi_2(x_k) + \cdots + a_m \varphi_m(x_k) - y_k) = 0 \\ \sum_{k=1}^{n} \varphi_2(x_k)(a_1 \varphi_1(x_k) + a_2 \varphi_2(x_k) + \cdots + a_m \varphi_m(x_k) - y_k) = 0 \\ \qquad\qquad \vdots \\ \sum_{k=1}^{n} \varphi_m(x_k)(a_1 \varphi_1(x_k) + a_2 \varphi_2(x_k) + \cdots + a_m \varphi_m(x_k) - y_k) = 0 \end{cases} \tag{9-1}$$

记

$$\boldsymbol{P} = \begin{bmatrix} a_1 \\ a_2 \\ \vdots \\ a_m \end{bmatrix}, \quad \boldsymbol{G} = \begin{bmatrix} \varphi_1(x_1) & \varphi_1(x_2) & \cdots & \varphi_1(x_n) \\ \varphi_2(x_1) & \varphi_2(x_2) & \cdots & \varphi_2(x_n) \\ \vdots & \vdots & & \vdots \\ \varphi_m(x_1) & \varphi_m(x_2) & \cdots & \varphi_m(x_n) \end{bmatrix}, \quad \boldsymbol{Y} = \begin{bmatrix} y_1 \\ y_2 \\ \vdots \\ y_n \end{bmatrix}$$

则可将法方程组(9-1)表示成矩阵形式

$$\boldsymbol{G}\boldsymbol{G}^{\mathrm{T}}\boldsymbol{P} = \boldsymbol{G}\boldsymbol{Y} \tag{9-2}$$

可以证明当基函数 $\varphi_1(x)$, $\varphi_2(x)$, $\cdots$, $\varphi_m(x)$ 线性无关时,方程(9-2)中系数矩阵 $\boldsymbol{G}\boldsymbol{G}^{\mathrm{T}}$ 可逆,所以法方程组有唯一的一组解

$$\boldsymbol{P} = (\boldsymbol{G}\boldsymbol{G}^{\mathrm{T}})^{-1}\boldsymbol{G}\boldsymbol{Y}$$

从而求得最小二乘拟合函数

$$f(x) = a_1 \varphi_1(x) + a_2 \varphi_2(x) + \cdots + a_m \varphi_m(x)$$

(2)多项式曲线拟合。

如果拟合基函数为幂函数类:1, x, x^2, $\cdots$, x^m,则拟合目标函数为一个 m 次多项式函数 $y = f(x) = a_m x^m + a_{m-1} x^{m-1} + \cdots + a_1 x + a_0$。根据最小二乘法的思想,问题归结为 $m+1$ 元函数

$$Q(a_0, a_1, \cdots, a_m) = \sum_{i=1}^{n} (a_m x_i^m + a_{m-1} x_i^{m-1} + \cdots + a_1 x_i + a_0 - y_i)^2$$

的最小值问题。利用多元函数取极值的条件

$$\frac{\partial Q(a_0, a_1, \cdots, a_m)}{\partial a_k} = 0 \ (k = 0, \cdots, m)$$

得到法方程组

$$\sum_{i=1}^{n} (a_m x_i^m + a_{m-1} x_i^{m-1} + \cdots + a_1 x_i + a_0 - y_i) x_i^k = 0 \quad (k = 0, \cdots, m)$$

求解此方程组可以求得拟合多项式的系数 $a = [a_m, a_{m-1}, \cdots, a_0]^T$，从而求得关于已知数据点的 m 次拟合多项式曲线。

上述多项式曲线的拟合方法，MATLAB 软件提供了相应的命令 **polyfit**，格式：

$$p = \textbf{polyfit}(x, y, m)$$

其中 x、y 为已知数据点横坐标向量和纵坐标向量，m 为要拟合的多项式次数，结果 p 为拟合的 m 次多项式系数向量，且从高次到低次存放在向量 p 中。如果需要求出拟合多项式 p 在 x0 处的函数值 y0，再利用命令 y0 = **polyval**(p, x0) 即可。值得注意的是，由于高次多项式曲线变化不稳定，因此数据多项式拟合时，多项式次数不宜过高。

例 9 - 1　已知观测数据：

x	0	0.1	0.2	0.3	0.4	0.5	0.6	0.7	0.8	0.9	1
y	−0.447	1.978	3.28	6.16	7.08	7.34	7.66	9.56	9.48	9.3	11.2

分别拟合 3 次和 6 次多项式曲线，并分析该组数据的总体发展趋势。

实现过程

运用 MATLAB 中命令 **polyfit** 编写拟合程序，运行结果如图 9.2 所示。

```
x=0:0.1:1;
y=[-.447 1.978 3.28 6.16 7.08 7.34 7.66 9.56 9.48 9.3 11.2];
plot(x,y,'k.','markersize',25);
axis([0 1.3 -2 16]);
p=polyfit(x,y,3);
p1=polyfit(x,y,6);
t=0:.01:1.2;
s=polyval(p,t);
s1=polyval(p1,t);
hold on
plot(t,s,'k-','linewidth',2)
```

plot(t,s1,$'$k--$'$,$'$linewidth$'$,2)

grid

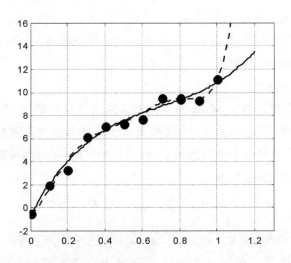

图 9.2　拟合的 3 次(实线)、6 次(虚线)多项式曲线

　　从拟合结果可以看出,两条拟合的多项式曲线有较大的差异,尤其在数据整体发展趋势预测方面有着明显的不同。究其原因,一方面是由于多项式函数随着次数的升高,曲线波动增大;另一方面是因为已知的数据点的变化规律符合哪一类函数的变化,应该用哪一类拟合目标函数来拟合它们,只有了解它们的总体变化特征后,选取合适的拟合目标函数类,才会有很好的拟合结果。

　　(3)其它类型曲线拟合。

　　当拟合基函数选取其它类函数时,利用最小二乘法进行拟合就得到相应类型的拟合曲线。常用的拟合函数还有指数函数类 $y = \sum_{n=1}^{m} c_n e^{\lambda_n x}$、三角函数类 $y = \sum_{n=1}^{m} (a_n \cos nx + b_n \sin nx)$ 等。对于某些实际问题需要进行曲线拟合时,到底选择哪一类型的函数,一方面往往根据经验来作出适当选择。比如,根据以往统计的相关数据来拟合预测某一地区的气温或降雨量等变化,需要利用周期函数类(三角函数)来拟合。另一方面,多数问题没有经验可循,在这种情况下,往往要对问题进行深入研究分析,找出问题变化的整体规律,确定相应的目标函数类型,这样拟合出来的曲线才能比较准确地反映数据点的变化规律,依此进行预测才有意义。

2. 实验问题求解

实验问题是关于人口增长的预测，它是属于生物种群繁殖这一大类问题。对于生物种群繁殖具有何种规律，早在 18 世纪人们就开始进行理论上分析探讨，研究和建立生物种群繁殖的数学模型，最著名的有两个模型——**Malthus 模型**和实验 6 中介绍的 **Logistic 模型**。

（1）Malthus 模型。

1798 年，英国统计学家 Malthus 在进行大量统计的基础上发现了一种关于生物种群的繁殖规律，就是一种群中个体数量的增长率与该时刻种群的个体数量成正比。按此规律，设种群个体数量为 x_0 时刻开始计时，t 时刻种群个体的数量为 $x(t)$，于是得到 **Malthus 模型**

$$\frac{\mathrm{d}x}{\mathrm{d}t} = rx(t) \quad \text{或} \quad \frac{1}{x}\frac{\mathrm{d}x}{\mathrm{d}t} = r \tag{9-3}$$

即相对增长率为常数。其中 $r = B - D$，B, D 分别为个体的平均生育率和死亡率。方程（9-3）是一个简单的可分离变量方程，求解此方程得到生物种群繁殖的规律为

$$x(t) = x_0 \mathrm{e}^{rt}$$

由此可见，生物种群个体数量是按指数方式增长的。当时欧洲部分国家按照这一模型对其人口增长进行了预测，均收到了明显的效果。下面我们按照这一规律来拟合我国人口增长的最佳曲线，并进行预测。

设我国人口数量 N 和时间 t 的关系为

$$N(t) = x_0 \mathrm{e}^{rt} = \mathrm{e}^{a+bt}$$

为了便于计算，给上式两边取自然对数得 $\ln N(t) = a + bt$，按照最小二乘法，问题归结为求参数 a 和 b，使得偏差平方和

$$Q(a,b) = \sum_{i=1}^{n} (a + bt_i - \ln N_i)^2$$

为最小，其中 t_i 为年份，N_i 为 t_i 年人口的统计数。利用多元函数极值的必要条件得法方程组

$$\begin{cases} \dfrac{\partial Q}{\partial a} = 2\sum_{i=1}^{n} (a + bt_i - \ln N_i) = 0 \\[3mm] \dfrac{\partial Q}{\partial b} = 2\sum_{i=1}^{n} (a + bt_i - \ln N_i)t_i = 0 \end{cases}$$

记

$$P = \begin{bmatrix} a \\ b \end{bmatrix}, \quad A = \begin{bmatrix} n & \sum_{i=1}^{n} t_i \\ \sum_{i=1}^{n} t_i & \sum_{i=1}^{n} t_i^2 \end{bmatrix}, \quad B = \begin{bmatrix} \sum_{i=1}^{n} \ln N_i \\ \sum_{i=1}^{n} t_i \ln N_i \end{bmatrix}$$

则法方程组化为矩阵形式

$$AP = B$$

从而求得

$$P = A^{-1}B$$

根据以上推导过程，我们利用 1971 年至 1985 年间 15 年的统计数据来拟合 **Malthus** 模型曲线。

MATLAB 程序

```
clear;clf
t=1971:1990;
N=[8.523 8.718 8.921 9.086 9.242 9.372 9.497 9.626 9.754 9.871 …
    10.007 10.165 10.301 10.436 10.585 10.751 10.930 11.103 11.270
    11.433];
plot(t,N,'k.','markersize',20);
axis([1971 2010 6 20]);
grid; hold on
pause(0.5)
n=15;
a=sum(t(1:n));
b=sum(t(1:n).*t(1:n));
c=sum(log(N(1:n)));
d=sum(t(1:n).*log(N(1:n)));
A=[n a;a b];
B=[c;d];
p=inv(A)*B
x=1971:2010;
y=exp(p(1)+p(2)*x);
plot(x,y,'r-','linewidth',2)
```

保存程序并运行解得 $a = -26.9361$，$b = 0.0148$，从而得到我国人口的 Malthus 模型增长拟合曲线为：

$$N = e^{-26.9361 + 0.0148t}$$

其曲线图形如图 9.3 所示。

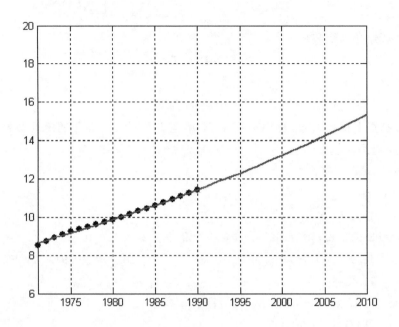

图 9.3　Malthus 模型拟合曲线

　　表 9 - 2 给出了根据此 Malthus 模型曲线求得的各年的人口数字与实际统计数据的比较结果，表 9 - 3 给出了根据此 **Malthus 模型**曲线对 1991 年至 2010 年间每年人口数量的预测结果。

　　实验结果显示，利用 1971—1985 年这 15 年的人口统计数据拟合出来的 Malthus 模型曲线，预测的 1986—1990 年的人口数量与实际统计结果有很好的吻合，表明 Malthus 模型曲线在短时期内比较好地拟合了实际人口的增长情况。但很明显随着时间的增加，预测出的人口数量有明显偏大的趋势。事实上，如果生物种群

表 9 - 2　我国人口统计与预测数字（单位：亿）

年份	1971	1972	1973	1974	1975	1976	1977	1978	1979	1980
统计	8.523	8.718	8.921	9.086	9.242	9.372	9.497	9.626	9.754	9.871
预测	**8.646**	**8.775**	**8.905**	**9.038**	**9.172**	**9.309**	**9.447**	**9.587**	**9.730**	**9.875**

年份	1981	1982	1983	1984	1985	1986	1987	1988	1989	1990
统计	10.007	10.165	10.301	10.436	10.585	10.751	10.930	11.103	11.27	11.433
预测	**10.021**	**10.171**	**10.322**	**10.475**	**10.631**	**10.789**	**10.949**	**11.112**	**11.277**	**11.445**

表 9 - 3　预测 1991—2010 年我国人口数量(单位：亿)

年份	1991	1992	1993	1994	1995	1996	1997	1998	1999	2000
预测	**11.615**	**11.788**	**11.963**	**12.141**	**12.321**	**12.505**	**12.691**	**12.879**	**13.071**	**13.265**
年份	2001	2002	2003	2004	2005	2006	2007	2008	2009	2010
预测	**13.462**	**13.663**	**13.866**	**14.072**	**14.281**	**14.494**	**14.709**	**14.928**	**15.150**	**15.375**

数量增长符合 Malthus 模型 $N(t) = x_0 e^{rt} = e^{a+bt}$，则意味着当 $t \rightarrow +\infty$ 时，$N(t) \rightarrow +\infty$，即任何一种生物都将无限制地增长，最终导致数量爆炸，这是不符合实际的。

(2)Logistic 模型。

1838 年,荷兰生物学家 Verhulst 作了进一步分析后指出，导致 Malthus 模型不符合实际情况的主要原因是 Malthus 模型未能考虑生物种群繁殖过程中"密度制约"因素。事实上，种群生活在一定的环境中，在资源给定(有限)的情况下，个体数目越多，每一个个体获得的资源就越少，这将抑制其生育率，增加死亡率。因而，相对增长率 $\dfrac{1}{x}\dfrac{\mathrm{d}x}{\mathrm{d}t}$ 不是一个常数 r，而是 r 乘上一个"制约因子"。这个因子是一个随 $x(t)$ 增加而减小的函数，设为 $(1 - \dfrac{x}{k})$，其中 k 为环境的容纳量。于是 Verhulst 提出了生物种群增长的 Logistic 模型

$$\frac{1}{x}\frac{\mathrm{d}x}{\mathrm{d}t} = r\left(1 - \frac{x}{k}\right) \tag{9-4}$$

求解方程(9 - 4)得

$$x(t) = \frac{kx_0}{(k - x_0)e^{-rt} + x_0}$$

由此容易看出，当 $t \rightarrow +\infty$ 时，有 $x(t) \rightarrow k$。这说明随着时间的增加，种群个体的数量将最终稳定在环境的容纳量 k。下面,按照这一规律再来拟合我国人口增长的最佳曲线,并进行预测。

假设我国可容纳的人口总数为 $k=20$ 亿，则将 Logistic 模型

$$x(t) = \frac{kx_0}{(k-x_0)\mathrm{e}^{-rt} + x_0}$$

变形得

$$\frac{1}{x} - \frac{1}{k} = (\frac{1}{x_0} - \frac{1}{k})\mathrm{e}^{-rt} \Rightarrow \frac{1}{N(t)} - \frac{1}{k} = \mathrm{e}^{a+bt}$$

所以

$$N(t) = \frac{1}{k^{-1} + \mathrm{e}^{a+bt}}$$

为了方便计算，我们首先令 $M(t) = N^{-1}(t) - k^{-1}$，于是有

$$M(t) = \mathrm{e}^{a+bt}$$

取对数得 $\ln M(t) = a + bt$，然后再按照前述 Malthus 模型曲线拟合的求解过程，利用统计的 20 年人口数据编程（将程序中 $N(t)$ 换成 $M(t)$，令 $k=20$），求得 Logistic 模型人口增长最佳拟合曲线方程为

$$N(t) = \frac{1}{20^{-1} + \mathrm{e}^{55.11-0.0293t}}$$

拟合曲线图形如图 9.4 所示。

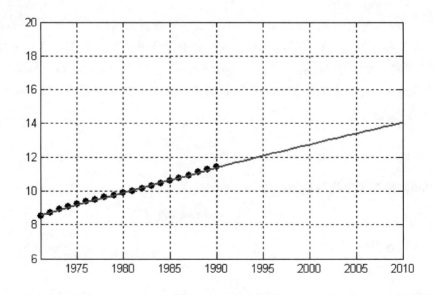

图 9.4　Logistic 模型拟合曲线

根据此 Logistic 模型曲线求得各年的人口数字并与实际统计的数据相比较，

结果如表 9 - 4 和表 9 - 5 所示。

表 9 - 4　我国人口统计与预测数字(单位:亿)

年份	1971	1972	1973	1974	1975	1976	1977	1978	1979	1980
统计	8.523	8.718	8.921	9.086	9.242	9.372	9.497	9.626	9.754	9.871
预测	**8.595**	**8.739**	**8.884**	**9.029**	**9.174**	**9.320**	**9.466**	**9.613**	**9.759**	**9.906**
年份	1981	1982	1983	1984	1985	1986	1987	1988	1989	1990
统计	10.007	10.165	10.301	10.436	10.585	10.751	10.930	11.103	11.27	11.433
预测	**10.052**	**10.199**	**10.346**	**10.492**	**10.638**	**10.7846**	**10.930**	**11.075**	**11.220**	**11.364**

表 9 - 5　预测 1991—2010 年我国人口数量(单位:亿)

年份	1991	1992	1993	1994	1995	1996	1997	1998	1999	2000
预测	**11.508**	**11.651**	**11.793**	**11.935**	**12.075**	**12.215**	**12.354**	**12.492**	**12.629**	**12.765**
年份	2001	2002	2003	2004	2005	2006	2007	2008	2009	2010
预测	**12.900**	**13.034**	**13.167**	**13.298**	**13.428**	**13.557**	**13.684**	**13.810**	**13.935**	**14.058**

结果显示,利用已知的 20 年的人口统计数据拟合出来的 Logistic 模型曲线,预测的人口数量与实际统计结果有很好的吻合(见表 9 - 4),同时,给出了我国从 1991—2010 年的人口数量的预测结果。它是在假定我国人口总数不超过 20 亿的前提下拟合的,因此,要想实现此目标,那么我国每年的人口数量应在预测的数量附近,不能出现较大的偏差,从而为国家相关部门和机构制定人口政策和中长期发展规划提供重要的参考依据。

实验 9 上机练习题

1.1790 年到 1980 年各年美国人口数的统计数据如表 9 - 6 所示。

表 9 - 6　美国人口统计数字(单位:百万)

年份	1790	1800	1810	1820	1830	1840	1850	1860	1870	1880
统计	3.9	5.3	7.2	9.6	12.9	17.1	23.2	31.4	38.6	50.2
年份	1890	1900	1910	1920	1930	1940	1950	1960	1970	1980
统计	62.0	72.0	92.0	106.5	123.2	131.7	150.7	179.3	204.0	226.5

（1）试利用前 100 年的数据，分别构建人口增长的 Malthus 模型、Logistic 模型（设美国人口总体容纳量为 20 亿）以及多项式模型。

（2）利用（1）构建的三个模型分别预测后 100 年的人口数，并与实际数据相比较，说说哪个预测结果比较好？

2. 表 9-7 给出了某城市 1 至 12 月份的平均温度。

（1）画出数据的散点图；

（2）假设周期为 12 个月，试利用正弦函数 $y = a\sin bt + c$ 对月温度进行拟合，其中 y 是摄氏温度，t 是月份。

（3）将拟合曲线和散点图画在同一幅图上。

（4）画出误差曲线。

表 9-7　某城市月平均温度数据

时间（月）	1	2	3	4	5	6	7	8	9	10	11	12
温度（℃）	3	8	14	21	26	32	33	35	30	20	11	5

3. 某商品的需求量与消费者的平均收入、商品价格的统计数据如表 9-8 所示，建立模型并进行检验，预测平均收入为 1000，价格为 6 时的商品需求量。

表 9-8　某商品需求量与消费者的平均收入、商品价格的统计数据

需求量	100	75	80	70	50	65	90	100	110	60
收入	1000	600	1200	500	300	400	1300	1100	1300	300
价格	5	7	6	6	8	7	5	4	3	9

4. 用电压 $U = 10$ V 的电池给电容器充电，t 时刻的电压为 $V(t) = U - (U - V_0)\exp(-t/\tau)$，其中 V_0 是电容器的初始电压，τ 是充电常数。试由表 9-9 给出的一组 t，V 数据确定 V_0 和 τ。

表 9-9

t/s	0.5	1	2	3	4	5	7	9
V/V	6.36	6.48	7.26	8.22	8.66	8.99	9.43	9.63

5. 在表 9-10 给出的数据中，w 表示一条鱼的重量，l 表示它的长度，s 表示身围。试解决下列问题：

（1）利用多项式函数，拟合重量与长度的函数关系；

（2）利用函数 $w = kl^3$，使用最小二乘准则拟合重量与长度的函数关系；

(3)利用函数 $w = kls^2$ ，使用最小二乘准则拟合重量与长度和身围的关系；

(4)上述几个模型中，哪个拟合得较好，分析其误差。

（选自《数学建模》Frank R. Giordano 等编著，叶其孝等译）

表 9 - 10

长度 l(英寸)	14.5	12.5	17.25	14.5	12.625	17.75	14.125	12.625
身围 g(英寸)	9.75	8.375	11.0	9.75	8.5	12.5	9.0	8.5
重量 w(盎司)	27	17	41	26	17	49	23	16

6. （估算安全紧随距离）在惊慌之余的紧急停车过程中，汽车司机必须对紧急情况作出反应，然后刹闸，并把车停下来。反应距离加刹闸距离（刹闸距离就是从刹闸到车辆完全停止期间车辆走过的距离）就是汽车司机的安全停车距离，也称为安全紧随距离。美国公路局对一大批汽车司机采集了反应距离和刹闸距离的数据，表 9 - 11 中，x 是以每小时英里数计的汽车速度，y 是以英尺计的刹闸前汽车走过的距离；表 9 - 12 中 x 是以每小时英里数计的汽车速度，y 是以英尺计的刹闸到汽车停下来所需要的滑行距离（1 英里 = 5280 英尺）。

（选自《数学建模》Frank R. Giordano 等编著，叶其孝等译）

表 9 - 11　司机反应距离

x	20	25	30	35	40	45	50	55	60	65	70	75	80
y	22	28	33	39	44	50	55	61	66	72	77	83	88

表 9 - 12　刹闸距离

x	20	25	30	35	40	45	50	55	60	65	70	75
y	32	47	65	87	112	140	171	204	241	282	325	376

(1)构建反应距离和速度间关系的模型，计算偏差平方和，分析模型的准确性。

(2)构建刹闸距离和速度间关系的模型，计算偏差平方和，分析模型的准确性。

(3)利用(1)(2)构建完全停止距离的模型。通常对安全紧随距离的规则就是在你的汽车和你前面的汽车之间允许有 2 秒钟的时间。这条规则和你的完全停车模型是否一致？如果不一致，试建立一条更好的规则。

7. （综合练习题）请按下列要求完成水塔水流量的估计问题，撰写一份实验报告。

水塔水流量的估计

美国某州的用水管理机构要求各社区提供以每小时多少加仑计的用水量以及每天所用的总水量。许多社区没有测量流入或流出水塔水量的装置,只能代之以每小时测量水塔中的水位,其误差不超过5%。但水塔每天有一次或两次的水泵供水,每次约两小时。当水塔中的水位下降到最低水位 L 时,水泵就自动向水塔输水直到最高水位 H,此期间不能测量水位。现在,已知该水塔是一个高40ft(英尺),直径57ft(英尺)的正圆柱,某小镇一天水塔水位的记录数据如表 9 - 13 所示。其中水位降至约 27ft 水泵开始工作,水位升到 35.5ft 时停止工作。(注:1ft $=0.3048$m)

试估计任何时刻 t(包括水泵工作时间)从水塔流出的水流量 $Q(t)$,并估计一天的总水量。

表 9 - 13　某小镇某天水塔水位记录

时间(s)	水位(ft)	时间(s)	水位(ft)
0	31.75	46636	33.50
3316	31.10	49953	32.60
6635	30.54	53936	31.67
10619	29.94	57254	30.87
13937	29.47	60574	30.12
17921	28.92	64554	29.27
21240	28.50	68535	28.42
25223	27.95	71854	27.67
28543	27.52	75021	26.97
32284	26.97	79254	水泵开启
35932	水泵开启	82649	水泵开启
39332	水泵开启	85968	34.75
39435	35.50	89953	33.97
43318	34.45	93270	33.40

实验 10
最优投资方案与优化问题的计算机求解

实验问题

某人在五年内可以选择投资下列 4 个项目,各项目投资时间和本利情况如下:

项目 1:从第一年到第四年每年年初投资,并于次年末回收本利 115%;

项目 2:第三年年初投资,到第五年末回收本利 125%,最大投资额不超过 4 万元;

项目 3:第二年年初投资,到第五年末能回收本利 140%,最大投资额不超过 3 万元;

项目 4:五年内每年年初可购买公债,于当年末归还,并加利息 6%。

现有资金 10 万元,试确定对这些项目每年的投资额,使得第 5 年末拥有的资金本利总额为最大?

问题分析

设 y_{ij} 表示第 i 年年初投资给项目 j 的资金额,则由题设可知 y_{ij} 满足如下制约条件:

$y_{11} + y_{14} \leqslant 10$

$y_{21} + y_{23} + y_{24} \leqslant 10 - y_{11} + 0.06 y_{14}$

$y_{31} + y_{32} + y_{34} \leqslant 10 + 0.15 y_{11} + 0.06 y_{14} - y_{21} - y_{23} + 0.06 y_{24}$

$y_{41} + y_{44} \leqslant 10 + 0.15 y_{11} + 0.06 y_{14} + 0.15 y_{21} - y_{23} + 0.06 y_{24} - y_{31} - y_{32} + 0.06 y_{34}$

$y_{54} \leqslant 10 + 0.15 y_{11} + 0.06 y_{14} + 0.15 y_{21} - y_{23} + 0.06 y_{24} + 0.15 y_{31} - y_{32} + 0.06 y_{34} - y_{41} + 0.06 y_{44}$

则第 5 年末拥有的资金本利总额为:

$$1.40 y_{23} + 1.25 y_{32} + 1.15 y_{41} + 1.06 y_{54}$$

于是问题归结为确定 y_{ij},使目标函数

$$f = 1.40y_{23} + 1.25y_{32} + 1.15y_{41} + 1.06y_{54}$$

在约束条件

$$
\begin{cases}
y_{11} + y_{14} \leqslant 10, \\
y_{11} - 0.06y_{14} + y_{21} + y_{23} + y_{24} \leqslant 10, \\
-0.15y_{11} - 0.06y_{14} + y_{21} + y_{23} - 0.06y_{24} + y_{31} + y_{32} + y_{34} \leqslant 10, \\
-0.15y_{11} - 0.06y_{14} - 0.15y_{21} + y_{23} - 0.06y_{24} + y_{31} + y_{32} \\
\qquad -0.06y_{34} + y_{41} + y_{44} \leqslant 10, \\
-0.15y_{11} - 0.06y_{14} - 0.15y_{21} + y_{23} - 0.06y_{24} - 0.15y_{31} + y_{32} \\
\qquad -0.06y_{34} + y_{41} - 0.06y_{44} + y_{54} \leqslant 10, \\
y_{ij} \geqslant 0,\ i = 1, 2, 3, 4, 5,\ j = 1, 2, 3, 4;\ y_{23} \leqslant 3,\ y_{32} \leqslant 4
\end{cases}
$$

下取得最大值。

在实际问题中,经常会遇到类似的求一组决策变量的值,使目标函数在一些约束条件下取得最大值或最小值,这样的问题属于最优化问题。最优化广泛应用于工农业、国防、交通、金融、能源、信息等领域,亦是管理科学的重要基础和手段。

实验目的

(1)了解线性规划问题及其数学模型。

(2)学会使用求解线性规划问题的 MATLAB 命令。

(3)了解多目标规划及其求解方法。

(4)了解无约束最优化问题的 MATLAB 求解命令。

(5)了解最大最小化问题及其 MATLAB 求解命令。

实验内容

本节首先介绍线性规划问题及其数学模型,然后介绍求解线性规划问题的单纯形法和 MATLAB 命令,进一步介绍多目标规划问题及求解方法,最后学习使用无约束最优化问题及最大最小化问题的 MATLAB 求解命令。

1. 线性规划问题及其数学模型

目标函数和约束函数都是决策变量的线性函数的最优化问题,称为线性规划。线性规划的标准型是:

$$\min Z = c_1 x_1 + c_2 x_2 + \cdots + c_n x_n \tag{10-1}$$

$$\text{s. t.} \begin{cases} a_{11}x_1 + a_{12}x_2 + \cdots + a_{1n}x_n = b_1 \\ a_{21}x_1 + a_{22}x_2 + \cdots + a_{2n}x_n = b_2 \\ \quad\vdots \\ a_{m1}x_1 + a_{m2}x_2 + \cdots + a_{mn}x_n = b_m \\ x_j \geqslant 0, \ (j = 1, 2, \cdots, n) \end{cases} \tag{10-2}$$

其中"min"表示求极小值，$Z = c_1x_1 + c_2x_2 + \cdots + c_nx_n$ 为目标函数，$x_1, x_2, \cdots, x_n$ 为变量，$a_{ij}(i=1, \cdots, m, j=1, \cdots, n)$，$c_1, \cdots, c_n, b_1, \cdots, b_m$ 为常数，"s. t."意为"限制到"。满足约束条件(10-2)的一组数$(x_1, x_2, \cdots, x_n)$，称为该线性规划模型的**可行解**，所有可行解的集合称为可行域；使得目标函数达到最小值的可行解，称为该线性规划模型的**最优解**。把最优解代入目标函数所得到的目标函数的最小值称为**最优值**。

记 $\boldsymbol{c} = (c_1, c_2, \cdots, c_n)^{\mathrm{T}}$，$\boldsymbol{x} = (x_1, x_2, \cdots, x_n)^{\mathrm{T}}$，$\boldsymbol{A} = (a_{ij})_{m \times n}$，$\boldsymbol{b} = (b_1, b_2, \cdots, b_m)^{\mathrm{T}}$，则线性规划模型式(10-1)～(10-2)可表示成如下的矩阵形式

$$\min f = c^{\mathrm{T}}\boldsymbol{x},$$
$$\text{s. t.} \ \boldsymbol{Ax} = \boldsymbol{b}, \tag{10-3}$$
$$\boldsymbol{x} \geqslant 0$$

线性规划的标准型具有以下特点：

(1) 目标函数是求最小值；

(2) 约束条件为线性方程组；

(3) 未知变量 $x_1, x_2, \cdots, x_n$ 都有非负限制。

线性规划的一般型为：

$$\min(\max)f = c^{\mathrm{T}}\boldsymbol{x},$$
$$\text{s. t.} \ \boldsymbol{Ax} \leqslant b$$

两者的区别在于标准型中要求在 $\boldsymbol{x} \geqslant 0$ 下，只能有等式约束，而且是求目标函数的最小值；而一般型中既可以有等式约束，也可以有不等式约束，也不限制 $\boldsymbol{x} \geqslant 0$，目标函数可以是求最小值也可以是求最大值。

线性规划模型的一般型，可以通过以下三种方法化为标准型。

(1) 目标函数是求最大值 $\max Z$。

设 $\max Z = c_1x_1 + c_2x_2 + \cdots + c_nx_n$，可设 $Z' = -Z$，则求最大值问题就转化为求最小值问题，即将求 $\max Z$ 转化为求 $\min Z'$，且 $\min Z' = -c_1x_1 - c_2x_2 - \cdots - c_nx_n$。

(2) 约束条件为不等式。

如果约束条件为不等式，则可增加一个或减去一个非负变量，使约束条件变为等式，增加或减去的这个非负变量称为**松弛变量**。

例如

$$a_{i1}x_1 + a_{i2}x_2 + \cdots + a_{in}x_n \leqslant b_i$$

那么,加一个非负变量 x_{n+1},就使不等式变为等式

$$a_{i1}x_1 + a_{i2}x_2 + \cdots + a_{in}x_n + x_{n+1} = b_i$$

如果约束为

$$a_{i1}x_1 + a_{i2}x_2 + \cdots + a_{in}x_n \geqslant b_i$$

那么减去一个非负变量 x_{n+1},就使不等式变为等式

$$a_{i1}x_1 + a_{i2}x_2 + \cdots + a_{in}x_n - x_{n+1} = b_i$$

(3) 模型中的某些变量没有非负限制。

若某个变量 x_j 取值可正可负,这时可引入两个非负变量 x'_j 和 x''_j,使 $x_j = x'_j - x''_j$,这样就可以满足标准型的要求。

例如,对于线性规划问题

$$\max Z = -x_1 + 2x_2 - 3x_3$$

$$\text{s. t.} \begin{cases} x_1 + x_2 + x_3 \leqslant 7 \\ x_1 - x_2 + x_3 \geqslant 2 \\ x_1, x_2 \geqslant 0, \ x_3 \text{ 为自由未知量} \end{cases}$$

通过令 $x_3 = x_4 - x_5$,以及增加松弛变量 x_6, x_7,将求 Z 的最大值化为求 Z' 的最小值,就可以化为如下标准型

$$\min Z' = x_1 - 2x_2 + 3x_4 - 3x_5$$

$$\text{s. t.} \begin{cases} x_1 + x_2 + x_4 - x_5 + x_6 = 7 \\ x_1 - x_2 + x_4 - x_5 - x_7 = 2 \\ x_1, x_2, x_4, x_5, x_6, x_7 \geqslant 0 \end{cases}$$

求解线性规划问题的方法有图解法、理论解法和软件解法。图解法常用来求解变量较少的线性规划问题。理论解法需要构建完整的理论体系。目前,用于求解线性规划的理论解法有:单纯形法、椭球算法以及 Karmarkar 算法,其中单纯形法是最早提出且使用最多的一种方法。下面先介绍求解线性规划的单纯形法,然后再介绍求解线性规划问题的 MATLAB 软件解法。

2. 求解线性规划问题的单纯形法

(1)单纯形法的理论基础。

设线性规划问题的矩阵形式为

(LP) 　　　　　$\min Z = \boldsymbol{CX}$,

$$\begin{cases} \boldsymbol{AX} = \boldsymbol{b}, \\ \boldsymbol{X} \geqslant 0 \end{cases}$$

其中 $\boldsymbol{X} = (x_1, x_2, \cdots, x_m, x_{m+1}, \cdots, x_n)^{\mathrm{T}}$ 是 n 维变向量,$\boldsymbol{c} = (c_1, c_2, \cdots, c_n)^{\mathrm{T}}$ 是

n 维常向量，$b = (b_1, b_2, \cdots, b_m)^T$ 是 m 维常向量，$A = (a_{ij})_{m \times n}$ 是 $m \times n$ 维常矩阵。

定义 10.1　设 A 的秩为 m，A 的 m 个线性无关的列构成的方阵 A_B 称为(LP)的一个**基**，A_B 的列向量称为**基列**，相应于基列的变量称为**基变量**。

记 $A = (a^{(1)}, a^{(2)}, \cdots, a^{(n)})$，设 $A_B = (a^{(1)}, a^{(2)}, \cdots, a^{(m)})$ 为 A 的一个基，则 $X_B = (x_1, x_2, \cdots, x_m)^T$ 为基变量，$A_N = (a^{(m+1)}, a^{(m+2)}, \cdots, a^{(n)})$ 是非基，$X_N = (x_{m+1}, x_{m+2}, \cdots, x_n)^T$ 为非基变量。

由约束条件 $Ax = b$ 得

$$AX = (A_B, A_N)\begin{pmatrix} X_B \\ X_N \end{pmatrix} = A_B X_B + A_N X_N = b,$$

因此

$$X_B = A_B^{-1}(b - A_N X_N),$$

即 $X = \begin{pmatrix} X_B \\ X_N \end{pmatrix} = \begin{bmatrix} A_B^{-1}(b - A_N X_N) \\ X_N \end{bmatrix}$ 为 $AX = b$ 的一个解。令 $X_N = 0$，得 $X' = \begin{bmatrix} A_B^{-1}b \\ 0 \end{bmatrix}$，称它为(LP)的**基本解**。

若 $A_B^{-1}b \geqslant 0$，称 $X' = \begin{bmatrix} A_B^{-1}b \\ 0 \end{bmatrix}$ 为(LP)的一个**基本可行解**。因为 A 至多有 C_n^m 个基，故基本可行解至多有 C_n^m 个。

相应地，把目标函数中的 C 写成 $C = (C_B, C_N)$，其中 $C_B = (c_1, c_2, \cdots, c_m)$，$C_N = (c_{m+1}, c_{m+2}, \cdots, c_n)$，则

$$Z(X') = CX' = (C_B, C_N)\begin{pmatrix} A_B^{-1}b \\ 0 \end{pmatrix} = C_B A_B^{-1} b,$$

$$\begin{aligned} Z(X) &= (C_B, C_N)\begin{pmatrix} X_B \\ X_N \end{pmatrix} \\ &= C_B(A_B^{-1}b - A_B^{-1}A_N X_N) + C_N X_N \\ &= C_B A_B^{-1}b + (C_N - C_B A_B^{-1}A_N)X_N \end{aligned} \tag{10-4}$$

故若 $(C_N - C_B A_B^{-1}A_N) \geqslant 0$，则对一切可行解，有 $Z(X) = Cx \geqslant C_B A_B^{-1}b = Z(X')$，即 X' 为最优解；如果 $(C_N - C_B A_B^{-1}A_N)$ 有负分量，则 X' 不是最优解。

由式(10-4)得：

$$Z + (C_B A_B^{-1}A_N - C_N)X_N = C_B A_B^{-1}b$$

即

$$Z + (0, C_B A_B^{-1}A - C)X = C_B A_B^{-1}b$$

又由 $AX = b$ 得，$A_B^{-1}AX = A_B^{-1}b$，把上面两式写成矩阵形式，得

$$\begin{bmatrix} I & C_B A_B^{-1} A - C \\ 0 & A_B^{-1} A \end{bmatrix} \begin{pmatrix} Z \\ X \end{pmatrix} = \begin{pmatrix} C_B A_B^{-1} b \\ A_B^{-1} b \end{pmatrix}$$

令

$$T(A_B) = \begin{bmatrix} C_B A_B^{-1} A - C & C_B A_B^{-1} b \\ A_B^{-1} A & A_B^{-1} b \end{bmatrix}$$

称 $T(A_B)$ 为对应于基 A_B 的**单纯形表**,定义 $\lambda = (\lambda_1, \lambda_2, \cdots, \lambda_n) = C_B A_B^{-1} A - C$ 为**检验数**。

限于篇幅,不加证明地给出下面两个定理。

定理 10 - 1（最优解的判定）

若 $T(A_B)$ 中所有检验数 $\lambda_j \leqslant 0$ $(j = 1, 2, \cdots, n)$,则 $X_B = A_B^{-1} b - A_B^{-1} A_N X_N$ 是最优解。

定理 10 - 2（无最优解的判定）

若 $T(A_B)$ 中有某一个检验数 $\lambda_{m+s} > 0$,在单纯形表上 λ_{m+s} 对应的列向量的全部元素小于或等于零,则线性规划问题无最优解。

(2)单纯形法求解线性规划的基本步骤。

首先对上面定义的单纯形表变形。由于

$$\begin{aligned}(\lambda_1, \lambda_2, \cdots, \lambda_n) &= C_B A_B^{-1} A - C = C_B A_B^{-1} (A_B, A_N) - (C_B, C_N) \\ &= (C_B A_B^{-1} A_B - C_B, \ C_B A_B^{-1} A_N - C_N) \\ &= (0, \cdots, 0, \lambda_{m+1}, \cdots, \lambda_n)\end{aligned}$$

可见,对应于基变量的 $\lambda_j = 0 (j = 1, \cdots, m)$,而且 $C_B A_B^{-1} A_N - C_N = (\lambda_{m+1}, \cdots, \lambda_n)$。

又 $A_B^{-1} A = A_B^{-1} (A_B, A_N) = (I, A_B^{-1} A_N) = (I, A_B^{-1}(a^{(m+1)}, \cdots, a^{(n)}))$,记

$$y_j = A_B^{-1} a^{(j)} = (y_{1j}, y_{2j}, \cdots, y_{nj})^{\mathrm{T}} \qquad (j = m+1, \cdots, n)$$

$$A_B^{-1} b = (\bar{b}_1, \bar{b}_2, \cdots, \bar{b}_n)$$

则单纯形表 $T(A_B)$ 可呈现为如下形式。

表 10 - 1

基变量	x_1	x_2	...	x_m	x_{m+1}	...	x_n	
检验数	0	0	...	0	λ_{m+1}	...	λ_n	$Z(X')$
x_1	1	0	...	0	y_{1m+1}	...	y_{1n}	$\bar{b}_1$
x_2	0	1	...	0	y_{2m+1}	...	y_{2n}	$\bar{b}_2$
...	...	...	...	...	...	...	...	...
x_m	0	0	...	1	y_{mm+1}	...	y_{mn}	$\bar{b}_n$

有了表 10-1，下面给出单纯形法求最优解的过程。

第一步：把线性规划模型变成它的标准型。

第二步：确定初始基本可行解，建立初始单纯形表。

第三步：检查对应于非基变量的检验数 $\lambda_j(j=m+1,\cdots,n)$。若所有这些 λ_j 均小于零，则已得到最优解，停止计算，否则转入下一步。

第四步：在所有非负的 λ_j 中，若有一个 λ_k 在单纯形表上对应的列向量的全部元素 $y_{ik}\leqslant0\ (i=1,2,\cdots,m)$，则此问题无解，停止计算；否则转入下一步。

第五步：确定进基变量与离基变量，从而得到新的基变量。方法如下：

若 $\max\{\lambda_j>0|j\in N\}=\lambda_k$，则选取 λ_k 对应的非基变量 x_k 为进基变量，再计算 $\min\limits_{i}\left\{\dfrac{\bar{b}_i}{y_{ik}}\right\}$（若同时有几个相同的最小者，则取其对应的基变量中下标最小者），若 $\dfrac{\bar{b}_r}{y_{rk}}=\min\limits_{i}=\left\{\dfrac{\bar{b}_i}{y_{ik}}\right\}$，则可确定基变量 x_r 为离基变量。

第六步：建立新的基相应的单纯形表，然后回到第三步。

求解线性规划的单纯形法看似复杂，实际上只要做一道题目，操作一遍，还是很容易掌握的。请读者自己实践一下吧。下面介绍求解线性规划的 MATLAB 软件解法。

3. 线性规划问题的 MATLAB 软件解法

求解线性规划问题的 MATLAB 软件解法非常简单，使用者可以根据所建立的模型复杂程度和对模型求解的个人要求选择不同的调用格式。常用的调用格式及功能介绍如下。

调用格式 1：$x=$ linprog (f,A,b) 或 $[x,\text{fval}]=$ linprog (f,A,b)

功能：用于求解线性规划模型

$$\min f=\boldsymbol{C}^{\mathrm{T}}\boldsymbol{X},$$
$$\text{s. t.}\,\boldsymbol{AX}\leqslant\boldsymbol{b},$$

其中，返回值 x 为最优解向量，fval 为最优值。下同。

调用格式 2：$x=$ linprog (f,A,b,Aeq,beq) 或 $[x,\text{fval}]=$ linprog (f,A,b,Aeq,beq)

功能：用于求解线性规划模型

$$\min f=\boldsymbol{C}^{\mathrm{T}}\boldsymbol{X},$$
$$\text{s. t.}\begin{cases}\boldsymbol{AX}\leqslant\boldsymbol{b}\\Aeq\boldsymbol{X}=beq\end{cases}$$

调用格式 3：$x=$ linprog (f,A,b,Aeq,beq,lb,ub) 或 $[x,\text{fval}]=$ linprog (f,A,b,Aeq,beq,lb,ub)

功能:用于求解线性规划模型

$$\min f = \boldsymbol{C}^{\mathrm{T}} \boldsymbol{X},$$

$$\text{s. t.} \begin{cases} \boldsymbol{AX} \leqslant \boldsymbol{b} \\ Aeq\boldsymbol{X} = beq \\ \boldsymbol{lb} \leqslant \boldsymbol{X} \leqslant \boldsymbol{ub} \end{cases}$$

可见,调用格式 3 用于求解一般的线性规划问题。若约束条件中没有不等式约束,则令 A=[ ],b=[ ];若约束条件中没有等式约束,则令 Aeq=[ ], beq=[ ]。

调用格式 4:[x,fval,exitflag,output]=linprog(f, A, b, Aeq, beq, lb, ub)的输出部分:

该调用格式与调用格式 3 解决同样的线性规划问题,不同之处是多了两个输出结果。解释如下:

x 为最优解向量;fval 为最优值;exitflag 描述 linprog 的终止条件:若为正值,表示目标函数收敛于解 x 处;若为负值,表示目标函数不收敛;若为零值,表示已经达到函数评价或迭代的最大次数。

output 为返回优化算法信息的一个数据结构:output. iterations 表示迭代次数;output. algorithm 表示所采用的算法;output. funcCount 表示函数评价次数。

例 10-1　求下列线性规划问题的最优解:

$$\min Z = -40x_1 - 50x_2$$

$$\text{s. t.} \begin{cases} x_1 + 2x_2 \leqslant 30 \\ 3x_1 + 2x_2 \leqslant 60 \\ 2x_2 \leqslant 24 \\ x_1, \ x_2, \ x_3 \geqslant 0 \end{cases}$$

解　MATLAB 程序如下:

```
c=[-40,-50];
a=[1,2;3,2;0,2];
b=[30;60;24];
[x,fval]=linprog(c,a,b)
```

运行结果为:

$x =$

　15.0000

　7.5000

$fval =$

−975.0000

例 10-2　求解线性规划问题

$$\min z = 2x_1 + 3x_2 + x_3$$

$$\text{s. t.} \begin{cases} x_1 + 4x_2 + 2x_3 \geqslant 8 \\ 3x_1 + 2x_2 \geqslant 6 \\ x_1,\ x_2,\ x_3 \geqslant 0 \end{cases}$$

解　MATLAB 程序如下：

```
c=[2;3;1];
a=[1,4,2;3,2,0];
b=[8;6];
[x,y]=linprog(c,-a,-b,[],[],zeros(3,1))
```

运行结果为：

x =

0.8066

1.7900

0.0166

y =

7.0000

例 10-3　求解线性规划问题

$$\min z = 5x_1 + x_2 + 2x_3 + 3x_4 + x_5$$

$$\text{s. t.} \begin{cases} -2x_1 + x_2 - x_3 + x_4 - 3x_5 \leqslant 1 \\ 2x_1 + 3x_2 - x_3 + 2x_4 + x_5 \leqslant -2 \\ 0 \leqslant x_j \leqslant 1,\ j = 1,2,3,4,5 \end{cases}$$

解　MATLAB 程序如下：

```
c=[5 1 2 3 1];
A=[-2 1 -1 1 -3;2 3 -1 2 1];
b=[1;-2];
lb=[0 0 0 0 0];
ub=[1 1 1 1 1];
[x,fval,exitflag,output]=linprog(c,A,b,[],[],lb,ub)
```

运行结果为：

Exiting：One or more of the residuals，duality gap，or total relative error has grown 100000 times greater than its minimum value so far：

the primal appears to be infeasible (and the dual unbounded).

(The dual residual < TolFun=1.00e-008.)

x =

$(0.0000\ 0.0000\ 1.1987\ 0.0000\ 0.0000)$

$fval =$

2.3975

$exitflag =$

-1

$output =$

　　　　iterations：7

　　　　　algorithm：$'large-scale: interior\ point'$

　　　cgiterations：0

　　　　　　message：$[1x258\ char]$

显示的信息表明该问题无可行解。所给出的是对约束破坏最小的解。

4. 线性规划应用举例

有了 MATLAB 软件解法，求解线性规划问题就不是什么复杂的事情了。但是什么样的问题可以归结为线性规划问题？如何把实际问题抽象成一个线性规划数学模型？这是我们首先要解决的问题。这个问题既是重点，又是难点，模型建立得是否恰当，直接影响到求解。下面我们通过几个例子来说明线性规划模型的建立及简单应用。

例 10 - 4　某饲养厂饲养动物出售，设每头动物每天至少需 700 克蛋白质、30 克矿物质、100 毫克维生素。现有 5 种饲料可供选用，各种饲料每千克营养成分含量及单价如表 10 - 2 所示。要求确定既满足动物生长的营养需要，又使费用最省的选用饲料的方案。

表 10 - 2

饲料	蛋白质/g	矿物质/g	维生素/mg	价格/元·kg^{-1}
1	3	1	0.5	0.2
2	2	0.5	1.0	0.7
3	1	0.2	0.2	0.4
4	6	2	2	0.3
5	18	0.5	0.8	0.8

解　设饲料 i 选用量为 x_i 公斤，$i=1,2,3,4,5$。则有模型：

$$\min z = 0.2x_1 + 0.7x_2 + 0.4x_3 + 0.3x_4 + 0.8x_5$$

$$\text{s. t.} \begin{cases} 3x_1 + 2x_2 + x_3 + 6x_4 + 18x_5 \geqslant 700 \\ x_1 + 0.5x_2 + 0.2x_3 + 2x_4 + 0.5x_5 \geqslant 30 \\ 0.5x_1 + x_2 + 0.2x_3 + 2x_4 + 0.8x_5 \geqslant 100 \\ x_j \geqslant 0,\ j = 1,\ 2,\ 3,\ 4,\ 5 \end{cases}$$

解之得：

$$x_1 = x_2 = x_3 = 0$$

$$x_4 = 39.74359（公斤）$$

$$x_5 = 25.64103（公斤）$$

$$z_{\min} = 32.43590（元）$$

例 10 - 5　一贸易公司专门经营某种豆类的批发业务。公司现有库容 5000 公斤的仓库。1 月 1 日，公司拥有库存 1000 公斤豆子，并有资金 20000 元。估计第一季度该豆子价格如表 10 - 3 所示。

表 10 - 3

	进货价/(元/公斤)	出售价/(元/公斤)
1 月	2.85	3.10
2 月	3.05	3.25
3 月	2.90	2.95

如买进的豆子当月到货，但需到下月才能卖出，且规定"货到付款"。公司希望本季末库存为 2000 公斤，问应采取什么样的买进与卖出的策略使 3 个月总的获利最大？

解　设 x_i，y_i 为第 i 月买进、卖出的豆子公斤数，$i=1,2,3$。则得模型：

$$\max z = 3.1y_1 + 3.25y_2 + 2.95y_3 - 2.85x_1 - 3.05x_2 - 2.9x_3$$

$$\text{s. t.}\ \ y_1 \leqslant 1000$$

$$\left. \begin{array}{l} y_2 \leqslant 1000 - y_1 + x_1 \\ y_3 \leqslant 1000 - y_1 + x_1 - y_2 + x_2 \end{array} \right\} \text{（存货限制）}$$

$$\left. \begin{array}{l} 1000 - y_1 + x_1 \leqslant 5000 \\ 1000 - y_1 + x_1 - y_2 + x_2 \leqslant 5000 \end{array} \right\} \text{（库容限制）}$$

$$2.85x_1 \leqslant 20000 + 3.10y_1$$

$$3.05x_2 \leqslant 20000 + 3.10y_1 - 2.85x_1 + 3.25y_2$$

$$2.90x_3 \leqslant 20000 + 3.10y_1 - 2.85x_1 + 3.25y_2 - 3.05x_2 + 2.95y_3$$

（资金限制）

$$1000 - y_1 + x_1 - y_2 + x_3 = 2000（季末库存）$$

$$x_i \geqslant 0,\ y_i \geqslant 0,\ i = 1, 2, 3$$

使用软件求解结果为：目标函数值＝700。

例 10-6　某厂生产过程中需要用长度分别为 3.5 米、2.5 米和 2 米的同种棒料毛坯分别为 200、100 和 300 根，而现在只有一种长度为 10 米的原料，问应如何下料才能使废料最少？

解　这个问题称为下料问题。解决下料问题的关键在于找出所有可能的下料方法，然后对这些方案进行最佳结合。

对给定的 10 米长的棒料进行分割，共有 9 种切割方法，如表 10-4 所示。

表 10-4

方案 所得根数 毛坯（米）	1	2	3	4	5	6	7	8	9
3.5	2	2	1	1	1	0	0	0	0
2.5	1	0	2	1	0	4	2	1	0
2	0	1	0	2	3	0	2	3	5
废料	0.5	1	1.5	0	0.5	0	1	1.5	0

设用第 i 种方法下料的总根数为 x_i，则用掉的总根数为 $x_1 + x_2 + \cdots + x_9$，废料总长度为：

$$0.5x_1 + x_2 + 1.5x_3 + 0.5x_5 + x_7 + 1.5x_8$$

约束条件为所需的零件毛坯数量：

$$2x_1 + 2x_2 + x_3 + x_4 + x_5 = 200$$

$$x_1 + 2x_3 + x_4 + 3x_6 + 2x_7 + x_8 = 100$$

$$x_2 + 2x_4 + 3x_5 + 2x_7 + 3x_8 + 5x_9 = 300$$

由此可得该问题的线性规划模型如下：

$$\min Z = 0.5x_1 + x_2 + 1.5x_3 + 0.5x_5 + x_7 + 1.5x_8$$

$$\text{s. t.} \begin{cases} 2x_1 + 2x_2 + x_3 + x_4 + x_5 = 200 \\ x_1 + 2x_3 + x_4 + 3x_6 + 2x_7 + x_8 = 100 \\ x_2 + 2x_4 + 3x_5 + 2x_7 + 3x_8 + 5x_9 = 300 \\ x_1, x_2, \cdots, x_9 \geqslant 0, x_i (i = 1, 2, \cdots, 9) \text{ 为整数} \end{cases}$$

这个线性规划模型与例 10-4 和例 10-5 所建立的线性规划模型相比,增加了变量 $x_1, x_2, \cdots, x_9$ 为整数这一约束条件,我们称之为**整数线性规划**。从数学模型上看,整数规划似乎是线性规划的一种特殊形式,求解只需在线性规划的基础上,通过舍入取整,寻求满足整数要求的解即可。但实际上两者却有很大的不同,通过舍入得到的解(整数)也不一定就是最优解,有时甚至不能保证所得到的解是整数可行解。常用的求解整数规划的方法有:分支定界法和割平面法。目前,MATLAB7.0 以下的版本尚没有现成的求解整数线性规划的指令。求解整数规划模型的现成数学软件有:Lindo 和 Lingo,本书不作介绍,感兴趣的同学可以在其官方网站:http://www. lindo. com 下载此软件和使用说明。

5. 多目标规划

前面介绍的线性规划问题只有一个目标函数,是单目标最优化问题。但是,在许多实际工程问题中,往往希望多个指标都达到最优值,这样的问题称为**多目标规划问题**。我们先看一个例子。

例 10-7　投资收益和风险问题(这是全国大学生数学建模竞赛的 A 题)。市场上有 n 种资产(股票、债券、……)供投资者选择,某公司有数额为 M 的一笔相当大的资金可用作一个时间的投资。公司财务分析人员对 S_i 种资产进行评估,估算出在这一时期内购买 S_i 的平均收益率为 r_i,并预测出购买 S_i 的损失率为 q_i。考虑到投资越分散总的风险越小,公司确定,当用这笔资金购买若干种资产时,总体风险可用所投资的 S_i 中的最大一个风险来度量。

购买 S_i 要付交易费,费率为 p_i,并且当购买额不超过给定值 u_i 时,交易费按购买 u_i 计算(不买当然无须付费)。另外,假定同期银行存款利率是 r_0,且既无交易费又无风险($r_0 = 5\%$)。

(1)已知 $n = 4$ 时的相关数据如下:

S_i	$r_i / \%$	$q_i / \%$	$p_i / \%$	$u_i / 元$
S_1	28	2.5	1	103
S_2	21	1.5	2	198
S_3	23	5.5	4.5	52
S_4	25	2.6	6.5	40

试给该公司设计一种投资组合方案,即用给定的资金 M,有选择地购买若干种资产或存银行生息,使净收益尽可能大,而总体风险尽可能小。

(2)试就一般情况对以上问题进行讨论,利用以下数据进行计算。

S_i	$r_i/\%$	$q_i/\%$	$p_i/\%$	$u_i/元$	$u_i/元$
S_1	9.6	42	2.1	181	181
S_2	18.5	54	3.2	407	407
S_3	49.4	60	6.0	428	428
S_4	23.9	42	1.5	549	549
S_5	8.1	1.2	7.6	270	270
S_6	14	39	3.4	397	397
S_7	40.7	68	5.6	178	178
S_8	31.2	33.43	3.1	220	220
S_9	33.6	53.3	2.7	475	475
S_{10}	36.8	40	2.9	248	248
S_{11}	11.8	31	5.1	195	195
S_{12}	9	5.5	5.7	320	320
S_{13}	35	46	2.7	267	267
S_{14}	9.4	5.3	4.5	328	328
S_{15}	15	23	7.6	131	131

解　为了建立数学模型,首先对模型进行一些必要的假设及符号说明。

(1)模型的假设

①在一个时期内所给出的 r_i,q_i,p_i 保持不变。

②在一个时间内所购买的各种资产(如股票、证券等)不进行买卖交易,即在买入后不再卖出。

③每种投资是否收益是相互独立的。

④在投资过程中,无论盈利与否必须先付交易费。

(2)符号说明

M(元):公司现有投资总金额;

$S_i(i=0,1,\cdots,n)$：欲购买的第 i 种资产种类（其中 $i=0$ 表示存入银行），

$(i=0,1,\cdots,n)$：$x_i(i=0,1,\cdots,n)$：公司购买 S_i 金额；

$r_i(i=0,1,\cdots,n)$：公司购买 S_i 的平均收益率；

$q_i(i=0,1,\cdots,n)$：公司购买 S_i 的平均损失率；

$p_i(i=0,1,\cdots,n)$：公司购买 S_i 超过 u_i 时所付交易费率。

下面我们来建立模型。

设购买 S_i 的金额为 x_i，所付的交易费 $c_i(x_i)$，则

$$c_i(x_i)=\begin{cases}0,\ x_i=0\\p_iu_i,\ 0<x_i<u_i\quad(i=1\sim n)\\p_ix_i,\ x_i\geqslant u_i\end{cases}\tag{10-5}$$
$$c_0(x_0)=0$$

由于投资额 M 相当大，所以总可以假定对每个 S_i 的投资 $x_i\geqslant u_i$，这时式（10-5）可简化为

$$c_i(x_i)=p_ix_i\quad(i=0\sim n)$$

对 S_i 投资的净收益为

$$R_i(x_i)=r_ix_i-c_i(x_i)=(r_i-p_i)x_i$$

对 S_i 的风险为

$$Q_i(x_i)=q_ix_i$$

对 S_i 投资所需资金（投资金额 x_i 与所需的手续费 $c_i(x_i)$ 之和）即

$$f_i(x_i)=x_i+c_i(x_i)=(1+p_i)x_i$$

当购买 S_i 的金额为 $x_i(i=0,1,\cdots,n)$，投资组合 $\boldsymbol{x}=(x_0,x_1,\cdots,x_n)$ 的净收益总额

$$R(\boldsymbol{x})=\sum_{i=0}^{n}R_i(x_i)$$

整体风险为

$$Q(\boldsymbol{x})=\max_{1\leqslant i\leqslant n}Q_i(x_i)=\max_{1\leqslant i\leqslant n}q_i(x_i)$$

资金约束为

$$\sum_{i=0}^{n}f_i(x_i)=M$$

根据题目要求，以净收益总额 $R(\boldsymbol{x})$ 最大，而整体风险 $Q(\boldsymbol{x})$ 最小为目标建立模型如下：

$$\min\left(-\sum_{i=0}^{n}(r_i-p_i)x_i,\ \max(q_ix_i)\right)$$

$$\text{s. t.} \begin{cases} \sum_{i=0}^{n}(1+p_i)x_i = M \\ x_i \geqslant 0, \ i = 1, 2, \cdots, n \end{cases} \tag{10-6}$$

显然,这是一个有两个目标函数的多目标规划问题。

多目标规划的数学模型为

$$\min_{x \in R^n} \boldsymbol{F}(\boldsymbol{x})$$

$$\text{s. t.} \begin{cases} G_i(\boldsymbol{x}) = 0 & i = 1, 2, \cdots, m_e \\ G_i(\boldsymbol{x}) \leqslant 0, & i = m_e + 1, m_e + 2, \cdots, n \\ \boldsymbol{lb} \leqslant \boldsymbol{x} \leqslant \boldsymbol{ub} \end{cases}$$

式中,$\boldsymbol{F}(\boldsymbol{x}) = (F_1(\boldsymbol{x}), \cdots, F_p(\boldsymbol{x}))^{\mathrm{T}}$ 为目标函数,它是一个向量值函数。

由于多目标最优化问题中各目标函数之间往往是相互矛盾的,因此一般不存在使所有目标都达到最优的"绝对最优解",只能求得"满意解集",由决策者最终选定某一个满意解作为最后定解。多目标规划有许多解法,下面介绍两种简单而实用的方法。

(1)权和法。

该方法按照多目标 $F_i(\boldsymbol{x})$ $(i=1, 2, \cdots, p)$ 的重要程度,分别乘以一组权系数 $\lambda_j (j=1, 2, \cdots, p)$ 然后相加作为目标函数,从而将多目标规划转化为如下形式的单目标规划问题:

$$\min f = \sum_{i=1}^{p} \lambda_i F_i(\boldsymbol{x})$$

$$\text{s. t.} \begin{cases} G_i(\boldsymbol{x}) = 0 & i = 1, 2, \cdots, m_e \\ G_i(\boldsymbol{x}) \leqslant 0 & i = m_e + 1, m_e + 2, \cdots, n \\ \boldsymbol{lb} \leqslant \boldsymbol{x} \leqslant \boldsymbol{ub} \end{cases}$$

其中 $\lambda_i \geqslant 0$ 且 $\sum_{i=1}^{p} \lambda_i = 1$。

例 10-7 中,假定投资者对风险-收益的相对偏好参数为 ρ,则模型(10-6)可转化为如下的线性规划问题:

$$\min(\rho Q(\boldsymbol{x}) - (1-\rho)R(\boldsymbol{x}))$$

$$\text{s. t.} \begin{cases} F(\boldsymbol{x}) = M \\ \boldsymbol{x} \geqslant 0 \end{cases} \tag{10-7}$$

(2)主要目标法。

基本思想是:在多目标问题中,根据问题的实际情况,确定一个目标为主要目标,而把其余目标作为次要目标,并且根据经验,选取一定的界限值。这样就可以把次要目标作为约束来处理，于是就将原来的多目标问题转化为一个在新的约束下的单目标最优化问题。

例 10 - 7 中，如果以收益为主要目标，则可以固定风险水平，给定风险一个界限 a，将问题转化为求最大风险不超过 a 时的最大收益，即得下面的线性规划模型：

$$\max \sum_{i=0}^{n} (r_i - p_i) x_i$$

$$\text{s.t.} \begin{cases} q_i x_i \leqslant Ma & (i = 1, 2, \cdots, n) \\ \sum_{i=0}^{n} (1 + p_i) x_i = M \\ x_i \geqslant 0, \ i = 1, 2, \cdots, n \end{cases} \tag{10-8}$$

若投资者希望总盈利至少达到水平 K 以上，则可以在风险最小的情况下寻找相应的投资组合，从而将原模型转化为下列线性规划模型求解：

$$\min_{x} (\max_{i} (q_i x_i))$$

$$\text{s.t.} \begin{cases} \sum_{i=0}^{n} (r_i - p_i) x_i \geqslant K \\ \sum_{i=0}^{n} (1 + p_i) x_i = M \\ x_i \geqslant 0, \ i = 1, 2, \cdots, n \end{cases} \tag{10-9}$$

例 10 - 7 模型求解。

由上所述，例 10 - 7 所建立的多目标规划模型，通过权和法以及主要目标法都可以转化为线性规划模型。于是我们就可以利用线性规划方法求解该模型。下面以模型 (10 - 8) 为例，给出 $n = 4$ 时的求解过程，其余模型及 $n = 16$ 的情况留给读者作为练习。

将 $n = 4$ 时的相关数据代入模型 (10 - 8)，得

$$\min f = (-0.05, -0.27, -0.19, -0.185, -0.185) (x_0 \quad x_1 \quad x_2 \quad x_3 \quad x_4)^{\mathrm{T}}$$

$$\text{s.t.} \begin{cases} x_0 + 1.01 x_1 + 1.02 x_2 + 1.045 x_3 + 1.065 x_4 = 1 \\ 0.025 x_1 \leqslant a \\ 0.015 x_2 \leqslant a \\ 0.055_3 \leqslant a \\ 0.026 x_4 \leqslant a \\ x_i \geqslant 0 \ (i = 0, 1, \cdots, 4) \end{cases}$$

由于 a 是任意给定的风险度，怎样取值没有一个准则，不同的投资者有不同的风险度。我们不妨从 $a = 0$ 开始，以步长 $\Delta a = 0.001$ 进行循环，通过实验来探索风

险度 a 与收益 Q 之间的关系. 编制程序如下：

```
a＝0;
while(1.1-a)＞1
    c＝[－0.05 －0.27 －0.19 －0.185 －0.185];
    Aeq＝[1 1.01 1.02 1.045 1.065];beq＝[1];
    A＝[0 0.025 0 0 0;0 0 0.015 0 0;0 0 0 0.055 0;0 0 0 0 0.026];
    b＝[a;a;a;a];
    vlb＝[0,0,0,0,0];vub＝[];
    [x,val]＝linprog(c,A,b,Aeq,beq,vlb,vub);
    a
    x＝x′
    Q＝－val
    plot(a,Q,′.′),axis([0 0.1 0 0.5]),hold on
    a＝a＋0.001;
end
xlabel(′a′),ylabel(′Q′)
```

图 10.1 和图 10.2 是风险度 a 与收益 Q 的关系图，其中图 10.2 是图 10.1 经局部放大得到的。

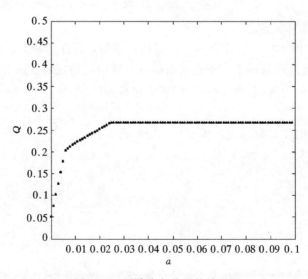

图 10.1　风险度与收益的关系图

列出部分计算结果如下：

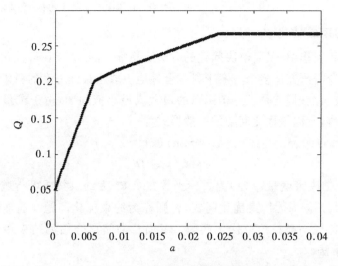

图 10.2 风险度与收益关系图

a = 0.0030 x = 0.4949 0.1200 0.2000 0.0545 0.1154 Q = 0.1266
a = 0.0060 x = 0.0000 0.2400 0.4000 0.1091 0.2212 Q = 0.2019
a = 0.0080 x = 0.0000 0.3200 0.5333 0.1271 0.0000 Q = 0.2112
a = 0.0100 x = 0.0000 0.4000 0.5843 0.0000 0.0000 Q = 0.2190
a = 0.0200 x = 0.0000 0.8000 0.1882 0.0000 0.0000 Q = 0.2518
a = 0.0400 x = 0.0000 0.9901 0.0000 0.0000 0.0000 Q = 0.2673

模型(10-8)结果分析：

(1) 由图可知,收益随风险增大而增大,风险越大,收益也越大。

(2) 由数据表可以看出,投资越分散,投资者承担的风险越小。这与实际情况相符,冒险的投资者会出现集中投资的情况,保守的投资者则尽量分散投资。

(3) 曲线上的任一点都表示该风险水平的最大可能收益和该收益对应的最小风险。投资者应根据自身对风险的承受能力,选择适当的风险水平下的最优投资组合。

(4) 由局部放大图 10.2 可以看出,在 $a=0.006$ 附近有一个转折点。在这一点左边,风险增加很少时,利润增长很快;在这一点右边,风险增加很大时,利润增长很缓慢。所以对于风险和收益没有特殊偏好的投资者来说,应该选择曲线的拐点作为最优投资组合,

大约是 $a^*=0.6\%$, $Q^*=20\%$,所对应投资方案为：

| 风险度 | 收益 | x_0 | x_1 | x_2 | x_3 | x_4 |

| 0.0060 | 0.2019 | 0 | | 0.2400 | 0.4000 | 0.1091 | 0.2212 |

6. 无约束最优化

在生活和工作中,只要解决问题的方法不是唯一的,就存在最优化问题。最优化方法就是专门研究从多个方案中科学合理地提取出最佳方案的科学。所谓最优化问题,从数学上讲,就是求一个函数的最大或最小值问题,由于求最大值可以转化为求最小值,所以最优化问题的一般形式为

$$\min f(\boldsymbol{x})$$
$$\text{s. t. } \boldsymbol{x} \in \Omega \tag{10-10}$$

式中:$\boldsymbol{x} \in \boldsymbol{R}^n$ 是决策变量,$f(\boldsymbol{x})$ 为目标函数,$\Omega \subset \boldsymbol{R}^n$ 为约束集或可行域。当 $\Omega = \boldsymbol{R}^n$ 时,式(10-10) 称为无约束优化问题,否则称为约束优化问题。前面介绍的线性规划和多目标规划都是约束优化问题。下面我们简单介绍无约束最优化问题的 MATLAB 解法。

对于无约束最优化问题 $\min\limits_{x} f(\boldsymbol{x})$,MATLAB 中提供了两个函数 fminunc 和 fminsearch 可供调用。调用格式如下:

　　　　　x＝fminunc(fun,x0) 或者 x＝fminsearch (fun,x0),

它们的作用是:给定初值 x0,求得 fun 函数的局部极小点。

　　　　　[x,fval]＝fminunc(fun,x0) 或者[x,fval]＝fminsearch (fun,x0),

作用:给定初值 x0,求得 fun 函数的局部极小点 x 和极小值 fval.

例 10-8　$\min f = 4x^2 + 5xy + 2y^2$。

方法 1:创建 M 文件,调用 fminsearch 求最优值。

首先创建 M 文件 ff1. m

```
function f＝ff1(x)
    f＝4 * x(1)^2＋5 * x(1) * x(2)＋2 * x(2)^2；%目标函数
```

然后调用 fminsearch 求点(1,1)附近 'ff1' 函数的最小值

```
x0＝[1,1];
[x,fval]＝fminsearch (@ff1,x0)
```

方法 2:使用命令行使该函数最小化。

```
f＝inline('4 * x(1)^2＋5 * x(1) * x(2)＋2 * x(2)^2')；%目标函数
[x,fval]＝fminsearch (f,[1,1])
```

两种方法运行结果相同,如下:

```
    x =
        1.0e-004 *
```

$-0.4945\ 0.5283$

$fval =$

$2.3014e-009$

求解无约束优化问题还有其它的调用格式,由于涉及到最优化理论,所以这里不再介绍,有兴趣的读者可以参阅 MATLAB 工具箱。

7. 最大最小化问题

通常我们遇到的是目标函数的最大化和最小化问题,但是在某些情况下,则要求使最大值最小化才有意义。例如在对策论中,我们常遇到这样的问题:在最不利的条件下,寻求最有利的策略;在投资规划中要确定最大风险的最低限度;在城市规划中,要确定急救中心的位置,使其到所有地点最大距离为最小。为此,对每个 x,我们先求诸目标值 $F_i(x)$ 的最大值,然后再求这些最大值中的最小值。

最大最小化问题的数学模型为

$$\min_{x}\ \max_{\{F_i\}}\{F_1(\boldsymbol{x}),\ \cdots,\ F_m(\boldsymbol{x})\}$$

$$c(\boldsymbol{x})\leqslant 0$$

$$ceq(\boldsymbol{x})= 0$$

$$A\boldsymbol{x}\leqslant \boldsymbol{b}$$

$$Aeq\boldsymbol{x}\leqslant \boldsymbol{beq}$$

$$\boldsymbol{lb}\leqslant \boldsymbol{x}\leqslant \boldsymbol{ub}$$

式中:$x,\ b,\ beq,\ lb,\ ub$ 为向量;$A,\ Aeq$ 为矩阵;$c(\boldsymbol{x}),\ ceq(\boldsymbol{x}),\ F_1(\boldsymbol{x}),\ \cdots,\ F_m(\boldsymbol{x})$ 为函数。

求解最大最小化问题的 MATLAB 函数为 fminimax,其调用格式如下:

x＝fminimax(F,x0,)

x＝fminimax(F,x0,A,b)

x＝fminimax(F,x0,A,b,Aeq,beq)

x＝fminimax(F,x0,A,b,Aeq,beq,lb,ub)

x＝fminimax(F,x0,A,b,Aeq,beq,lb,ub,nonlcon)

x＝fminimax(F,x0,,A,b,Aeq,beq,lb,ub,nonlcon,options)

或

[x,fval]＝fminimax(…)

[x,fval,maxfval]＝fminimax(…)

[x,fval,maxfval,exitflag,output]＝fminimax(…)

说明:F 为目标函数;x0 为初值;A、b 为线性不等式约束的矩阵与向量;Aeq、

beq 为等式约束的矩阵与向量；lb、ub 为变量 x 的下限和上限；nonlcon 为定义非线性不等式约束函数 c(x)和等式约束函数 ceq(x)；options 中设置优化参数。

x 返回最优解；fval 返回解 x 处的目标函数值；maxfval 返回解 x 处的最大函数值；exitflag 描述计算的退出条件；output 返回包含优化信息的输出参数。

例 10 - 9　求解下列最大最小化问题：

$$\min \max[f_1(\boldsymbol{x}), f_2(\boldsymbol{x}), f_3(\boldsymbol{x}), f_4(\boldsymbol{x})]$$

其中　　$f_1(\boldsymbol{x}) = 3x_1^2 + 2x_2^2 - 12x_1 + 35$

　　　　$f_2(\boldsymbol{x}) = 5x_1x_2 - 4x_2 + 7$

　　　　$f_3(\boldsymbol{x}) = x_1^2 + 6x_2$

　　　　$f_4(\boldsymbol{x}) = 4x_1^2 + 9x_2^2 - 12x_1x_2 + 20$

首先编写一个 M 文件 ff2.m，计算 4 个函数值。

```
function f=ff2(x)
f(1)=3*x(1)^2+2*x(2)^2-12*x(1)+35;
f(2)=5*x(1)*x(2)-4*x(2)+7;
f(3)=x(1)^2+6*x(2);
f(4)=4*x(1)^2+9*x(2)^2-12*x(1)*x(2)+20;
```

然后，输入初值 x0=(1,1)，并调用优化函数进行计算

```
x0=[1 1];
[x,fval]=fminimax(@ff2,x0)
```

运行结果如下：

```
x =
    1.7637    0.5317
fval =
    23.7331    9.5622    6.3010    23.7331
```

例 10 - 10　设某城市有某种物品的 10 个需求点，第 i 个需求点 P_i 的坐标为 (a_i, b_i)，道路网与坐标轴平行，彼此正交。现打算建一个该物品的供应中心，且由于受到城市某些条件的限制，该供应中心只能设在 x 介于$[5,8]$，y 介于$[5,8]$的范围之内。问该中心应建在何处为好？

P_i 点的坐标为：

a_i	1	4	3	5	9	12	6	20	17	8
b_i	2	10	8	18	1	4	5	10	8	9

解　首先建立数学模型。

　　以供应中心的位置到最远需求点的距离应尽可能小为目标,建立数学模型。为此,设供应中心的位置为(x,y),由题意可知每个需求点P_i到该供应中心的距离为$|x-a_i|+|y-b_i|$,所以可建立模型如下

$$\min_{x,y}\{\max[\,|\,x-a_i\,|+|\,y-b_i\,|\,]\}$$

$$\text{s. t.}\begin{cases}x\geqslant 5\\x\leqslant 8\\y\geqslant 5\\y\leqslant 8\end{cases}$$

这是一个只含有线性不等式约束的最大最小化问题,其标准形式为

$$\min_{x,y}\{\max[\,|\,x-a_i\,|+|\,y-b_i\,|\,]\}$$

$$\text{s. t.}\begin{cases}-x\leqslant -5\\x\leqslant 8\\-y\leqslant -5\\y\leqslant 8\end{cases}$$

下面利用 fminimax 指令求解该问题。

　　首先,编写一个计算供应位置在(x,y)处 10 个目标函数的 M 文件 ff3. m

```
function f = ff3(x)
a=[1 4 3 5 9 12 6 20 17 8];
b=[2 10 8 18 1 4 5 10 8 9];
f(1) = abs(x(1)-a(1))+abs(x(2)-b(1));
f(2) = abs(x(1)-a(2))+abs(x(2)-b(2));
f(3) = abs(x(1)-a(3))+abs(x(2)-b(3));
f(4) = abs(x(1)-a(4))+abs(x(2)-b(4));
f(5) = abs(x(1)-a(5))+abs(x(2)-b(5));
f(6) = abs(x(1)-a(6))+abs(x(2)-b(6));
f(7) = abs(x(1)-a(7))+abs(x(2)-b(7));
f(8) = abs(x(1)-a(8))+abs(x(2)-b(8));
f(9) = abs(x(1)-a(9))+abs(x(2)-b(9));
f(10) = abs(x(1)-a(10))+abs(x(2)-b(10));
```

　　然后,输入初值及约束条件,调用优化函数进行计算。

```
x0 = [6; 6];
AA=[-1 0;1,0; 0,-1; 0,1];
bb=[-5;8;-5;8];
```

$$[x,fval] = fminimax(@ff3,x0,AA,bb)$$

运行结果为

$$x =$$

$$8$$

$$8$$

$$fval =$$

$$13 \quad 6 \quad 5 \quad 13 \quad 8 \quad 8 \quad 5 \quad 14 \quad 9 \quad 1$$

即:在坐标为(8,8)处设置供应中心可以使该点到各需求点的最大距离最小,最小的最大距离为 14 单位。

请同学们上机操作实验下列问题:

(1)请试着改变约束条件,结果如何?

(2)如果取消约束条件,结果如何?

8. 0-1 规划问题

决策变量只能取 0 或 1 的最优化问题称为 0-1 规划问题。0-1 线性规划的一般形式为

$$\min z = c_1 x_1 + c_2 x_2 + \cdots + c_n x_n$$

$$\text{s. t.} \begin{cases} Ax \leqslant b \\ Aeq \cdot x = beq \\ x_i = 0 \text{ 或 } 1, i = 1, 2, \cdots, n \end{cases}$$

式中:$x = (x_1, x_2, \cdots, x_n)^T$ 为决策变量;A, Aeq 分别为不等式约束和等式约束方程组的系数矩阵(已知);b, beq 为已知的列向量。

求解 0-1 线性规划问题的 MATLAB 函数为 bintprog。其调用格式如下

$$[x,fm] = bintprog(f,A,b,aeq,beq)$$

式中:x 为最优解;fm 为最优解 x 处的目标函数值。

下面举例说明 0-1 规划问题模型的建立与求解。

例 10-11 某单位有 4 项工作,现指派 4 个员工各完成 1 项,每人做各种工作所消耗的时间(单位:小时)如表 10-5 所示,问指派哪个人完成哪种工作,可使总的消耗时间为最小?

表 10-5

员工	工作			
	1	2	3	4
1	12	15	8	8

员工	工作			
	1	2	3	4
2	20	19	10	7
3	15	13	9	6
4	18	16	12	9

说明：表中第 3 行第 2 列中的数字 12 表示员工 1 完成第 1 项工作所需要的时间，其它类同。

　　解　引入 0 - 1 变量 $x_{ij}(i=1,2,3,4,j=1,2,3,4)$

　　令

$$x_{ij} = \begin{cases} 1 & \text{当指派员工 } i \text{ 去完成第 } j \text{ 项工作} \\ 0 & \text{当不指派员工 } i \text{ 去完成第 } j \text{ 项工作} \end{cases} \quad (i=1,2,3,4,j=1,2,3,4)$$

则总的消耗时间可表示为

$$T = \sum_{i=1}^{4}\sum_{j=1}^{4} c_{ij}x_{ij}$$

其中 c_{ij} 表示第 i 个员工完成第 j 项工作所需要的时间，已由表 10 - 5 给出。

　　另外还要考虑约束条件：(1)每项工作只要指派一个员工；(2)每个员工仅完成一项工作。写成数学表达式即为

$$\sum_{i=1}^{4} x_{ij} = 1 \quad (j=1,2,3,4)$$

$$\sum_{j=1}^{4} x_{ij} = 1 \quad (i=1,2,3,4)$$

于是建立问题的数学模型如下

$$\min T = \sum_{i=1}^{4}\sum_{j=1}^{4} c_{ij}x_{ij}$$

$$\text{s. t.} \begin{cases} \sum_{i=1}^{4} x_{ij} = 1 \quad (j=1,2,3,4) \\ \sum_{j=1}^{4} x_{ij} = 1 \quad (i=1,2,3,4) \\ x_{ij} = 0 \text{ 或 } 1 \end{cases}$$

这是一个具有 16 个决策变量的 0 - 1 线性规划问题。为方便调用求解 0 - 1 规划问题的 MATLAB 函数，将 $x_{11},x_{12},x_{13},x_{14},\cdots,x_{41},x_{42},x_{43},x_{44}$ 分别对应于 x_1，$x_2,\cdots,x_{16}$。编程如下：

```
c=[12,15,8,8,20,19,10,7,15,13,9,6,18,16,12,9];
a=zeros(8,16);
a(1,1:4)=1;a(2,5:8)=1;a(3,9:12)=1;a(4,13:16)=1;
a(5,1)=1;a(5,5)=1;a(5,9)=1;a(5,13)=1;
a(6,2)=1;a(6,6)=1;a(6,10)=1;a(6,14)=1;
a(7,3)=1;a(7,7)=1;a(7,11)=1;a(7,15)=1;
a(8,4)=1;a(8,9)=1;a(8,12)=1;a(8,16)=1;
b=ones(8,1);
[x,fm]=bintprog(c,[],[],a,b)
```

运行结果为

$x =$ [1　0　0　0　0　0　1　0　0　0　0　1　0　1　0　0]

$fm = 44$

再将 x 还原为矩阵：$\begin{bmatrix} 1 & 0 & 0 & 0 \\ 0 & 0 & 1 & 0 \\ 0 & 0 & 0 & 1 \\ 0 & 1 & 0 & 0 \end{bmatrix}$。

由上述矩阵可以看出，指派方案为：第 1 个员工完成第一项工作，第 2 个员工完成第 3 项工作，第 3 个员工完成第 4 项工作，第 4 个员工完成第 2 项工作。最小消耗时间为 44 小时。

例 10-11 是一个指派问题，一般的指派问题可以描述为：拟分配 n 人去干 n 项工作，每人干且仅干一项工作，若分配第 i 人去干第 j 项工作，需花费 c_{ij} 单位时间，问应如何分配工作才能使工人花费的总时间最少？

容易看出，要给出一个指派问题的实例，只需给出矩阵 $C = (c_{ij})$，C 被称为指派问题的系数矩阵。

引入变量 x_{ij}，若分配第 i 人去干第 j 项工作，则取 $x_{ij} = 1$，否则取 $x_{ij} = 0$。上述指派问题的数学模型为

$$\min \quad \sum_{i=1}^{n} \sum_{j=1}^{n} c_{ij} x_{ij}$$

$$\text{s. t.} \begin{cases} \sum_{j=1}^{n} x_{ij} = 1, i = 1, 2, \cdots, n \\ \sum_{i=1}^{n} x_{ij} = 1, j = 1, 2, \cdots, n \\ x_{ij} = 0 \text{ 或 } 1, i, j = 1, 2, \cdots, n \end{cases}$$

该数学模型的可行解可以用一个矩阵(称为解矩阵)表示,其每行每列均有且只有一个元素为 1,其余元素均为 0。

例 10-12 一位先生要带一个旅行箱出远门旅行,装箱时发现,除了已装的必须物件外,还可以再装 5 公斤重的东西,他打算从下列 4 种物品中选取,这 4 种物件的重量和使用价值如表 10-6 所示。问这位先生应该选取哪些物件,既能保证增加的重量不超过 5 公斤,又能使使用价值最大?

表 10-6

物品序号	物件	重量	使用价值
1	手电筒	1	3
2	电脑	4	9
3	压缩饼干	2	6
4	书籍	3	7

解 引入 0-1 变量 $x_i (i = 1, 2, 3, 4)$
令

$$x_i = \begin{cases} 1 & \text{当物品序号为 } i \text{ 的物件被选取} \\ 0 & \text{当物品序号为 } i \text{ 的物件未被选取} \end{cases} \quad (i = 1, 2, 3, 4)$$

建立问题的数学模型如下:

$$\max \quad z = 3x_1 + 9x_2 + 6x_3 + 7x_4$$
$$\text{s. t.} \begin{cases} x_1 + 4x_2 + 2x_3 + 3x_4 \leqslant 5 \\ x_i = 0, 1 \quad (i = 1, 2, 3, 4)) \end{cases}$$

这是一个求最大值的 0-1 规划问题。需要将其转化为等价的求最小值问题,才可以调用函数 bintprog 求解。编程求解如下:

```
c=[-3 -9 -6 -7];
a=[1 4 2 3];
b=5;
[x,fm]=bintprog(c,a,b,[],[]);
z=-fm
```

运行结果为 x = [0 0 1 1],z = 13。故这位先生应该选择压缩饼干和书籍,最大使用价值为 13。

实验 10 上机练习题

1. 编制程序,求解实验 10 开始提出的资金分配问题。

2. 某厂利用 a、b、c 三种原料生产 A、B、C 三种产品,已知生产每种产品在消耗原料方面的各项技术条件和单位产品的利润,以及可利用的各种原料的量(具体数据见表 10－7),试制订适当的生产规划使得该厂的总利润最大。

表 10－7

产品 原料	生产每单位产品所消耗的原料			现有原料的量
	A	B	C	
a	3	4	2	60
b	2	1	2	40
c	1	3	2	80
单位产品利润	2	4	3	

3. 某工厂生产甲、乙、丙三种产品,单位产品所需工时分别为 2、3、1 个;单位产品所需原材料分别为 3、1、5 公斤;单位产品利润分别为 2、3、5 元。工厂每天可利用的工时为 12 个,可供应的原材料为 15 公斤。为使总利润为最大,试确定日生产计划和最大利润。

4. 某饲养厂饲养动物出售,设每头动物每天至少需 700 g 蛋白质、30 g 矿物质、100 mg 维生素。现有 5 种饲料可供选用,各种饲料每千克营养成分含量及单价如表 10－8 所示。试确定既能满足动物生长的营养需要,又可使费用最省的选用饲料的方案。

表 10－8

饲料	蛋白质/g	矿物质/g	维生素/mg	价格/(元/kg)
1	3	1	0.5	0.2
2	2	0.5	1.0	0.7
3	1	0.2	0.2	0.4
4	6	2	2	0.3
5	18	0.5	0.8	0.8

5. 电视台为某个广告公司特约播放两套片集。其中片集甲播映时间为 20 分钟,广告时间为 1 分钟,收视观众为 60 万,片集乙播映时间为 10 分钟,广告时间为 1 分钟,收视观众为 20 万。广告公司规定每周至少有 6 分钟广告,而电视台每周只能为该公司提供不多于 80 分钟的节目时间。电视台每周应播映两套片集各多少次,才能获得最高的收视率?

6.某一卫生所配有 1 名医生和 1 名护士。医生每天工作 8 小时,护士每天工作 9 小时。服务的项目是接生和做小手术。一次接生,医生要花 0.5 小时,护士同样要花 0.5 小时;一次小手术,医生要花 1 小时,护士要花 1.5 小时。这是一所小规模的卫生所,每天容纳的手术数和接生数合计不能超过 12 次。假定一次手术的收入为 200 元,一次接生的收入为 80 元,问怎样合理安排接生和手术的数量,使医生和护士一天工作能收入最多?

7.某战略轰炸机群奉命轰炸敌人军事目标。已知该目标有四个要害部位,只要摧毁其中之一即可达到目的。为完成此项任务的汽油消耗量限制为 48000 升、重型炸弹 48 枚、轻型炸弹 32 枚。飞机携带重型炸弹时每升汽油可飞行 2 千米,携带轻型炸弹时每升汽油可飞行 3 千米。又知每架飞机每次只能装载一枚炸弹,每出发轰炸一次除来回路程汽油消耗(空载时每升汽油可飞行 4 千米)外,起飞和降落每次各消耗 100 升。有关数据如表 10-9 所示。

表 10-9

要害部位	离机场距离	摧毁可能性	
	(千米)	每枚重型弹	每枚轻型弹
1	450	0.10	0.08
2	480	0.20	0.16
3	540	0.15	0.12
4	600	0.25	0.20

为了使摧毁敌方军事目标的可能性最大,试确定飞机轰炸的方案,要求建立这个问题的线性规划模型。

8.为了提高校园的安全性,某学校决定在校园内部道路上安装监控设备。校园主要道路示意图如图 10.3 所示,(1)~(12)表示道路交叉口。请建立数学模型,确定在哪些地方安装,可使每条道路都有监控(道路交叉口的监控设备属于共用),并且总监控设备数目最少。

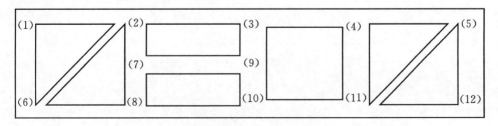

图 10.3　校园道路示意图

9. 某公司打算在社区建立超市，拟议中有 7 个位置 $A_i(i=1,2,\cdots,7)$ 可供选择。表 10-10 给出了每个位置 $A_i(i=1,2,\cdots,7)$ 需要的设备投资额 $b_i(i=1,2,\cdots,7)$（万元）以及每年可获利润 $c_i(i=1,2,\cdots,7)$（万元）之间的关系。

表 10-10

位置	A_1	A_2	A_3	A_4	A_5	A_6	A_7
设备投资	120	200	150	230	300	180	200
获利	85	138	110	150	160	100	120

设总投资额不超过 1080 万元，并要求：(1) A_1,A_2,A_3 三个点中至多选两个；(2) A_4,A_5 两个点中至少选一个；(3) A_6,A_7 两个点中只能选一个。问选择哪几个点可使年利润最大？最大利润是多少？

10. 请在实际生活中，找一个最大最小化问题，建立其模型，并进行求解。

11. 求解例 10-7 中的问题(2)。

实验 11

线性代数实验

实验目的

掌握 MATLAB 中常用的一些线性代数运算命令,并利用线性代数知识及相关命令解决一些实际问题。

实验内容

(1)学习 MATLAB 中常用的一些线性代数运算命令,并用其解决相关代数问题。

(2)利用几何向量描述问题,运用向量运算规律协助解决问题,并上机实验。

(3)使用线性方程组求解方法配平化学反应方程式。

(4)借助向量组的线性相关性知识调整气象观测站的数量。

1. 线性代数基本运算命令介绍

(1)向量的数量积、向量积、混合积

dot(a,b)　　% 求同维向量 a 和 b 的数量积(点积);

cross(u, v)　　% 求三维向量 u 和 v 的向量积(叉积);

三维向量间的混合积叫由以上两种语句综合实现。

例 11-1　在 MATLAB 命令窗口键入下列指令,观察其运行结果。

dot([1,2,3],[4,5,6])

u = [4 1 8];v = [3 4 8];

w = cross(u, v)

a = [4 1 8];

b = [3 4 8];

c=[1 2 3];

v1=dot(a,cross(b,c))　　%求混合积 $a \cdot (b \times c)$

v2=dot(cross(a,b),c)　　%求混合积 $a \times b \cdot c$

v3＝cross(a,dot(b,c))　　　％此句运行后出现了什么结果,请思考为什么

(2)矩阵、向量组的秩 极大无关组。

rank(a)　　％ 求矩阵 a 的秩

rref(a)　　％ 将矩阵 a 化为行最简形

reshape(a,m,n)　　％ 按列的顺序将矩阵 a 中的元素改为一个 m 行 n 列的
　　　　　　　　　　新矩阵

det(a)　　％ 求方阵 a 的行列式值

inv(a)　　％ 求方阵 a 的逆矩阵

trace(a)　　％ 求方阵 a 的主对角线上元素之和,其结果和 a 的全部特征值之和
　　　　　　相等

diag(a)　　％ 求方阵 a 的主对角线元素

diag(diag(a))％ 以方阵 a 的主对角线元素为对角元素,其它元素为零,构造
　　　　　　出一个新对角矩阵

eye(n)　　％ 产生一个 n 阶单位矩阵

例 11 - 2　求向量组 $\boldsymbol{\alpha}_1 = (1,-2,0,3)^T, \boldsymbol{\alpha}_2 = (2,-5,-3,6)^T, \boldsymbol{\alpha}_3 = (0,1,3,0)^T, \boldsymbol{\alpha}_4 = (2,-1,4,-7)^T, \boldsymbol{\alpha}_5 = (5,-8,1,2)^T$ 的秩及它的一个极大无关组,并用极大无关组线性表示该组中其它向量。

分析:以这 5 个向量为列构造一个矩阵,该矩阵的行秩、列秩相等,也等于原向量组的秩;进一步将该矩阵化为行最简形,就可以得到用原向量组的极大无关组线性表示其它向量时的系数。

程序:

a(:,1)＝[1 -2 0 3]′;　％将列向量 α_1 作为矩阵 a 的第 1 列

a(:,2)＝[2 -5 -3 6]′;

a(:,3)＝ [0 1 3 0]′;

a(:,4)＝[2 -1 4 -7]′;

a(:,5)＝ [5 -8 1 2]′;

a

b＝rank(a)　％ 求矩阵 a 的秩,也就是原向量组的秩

c＝rref(a)　　％将矩阵 a 化为行最简形

将以上程序保存为 exam112. m 文件并运行,结果如下:

a ＝

$$\begin{matrix} 1 & 2 & 0 & 2 & 5 \\ -2 & -5 & 1 & -1 & -8 \\ 0 & -3 & 3 & 4 & 1 \\ 3 & 6 & 0 & -7 & 2 \end{matrix}$$

$b=$

3

$c=$

$$\begin{matrix} 1 & 0 & 2 & 0 & 1 \\ 0 & 1 & -1 & 0 & 1 \\ 0 & 0 & 0 & 1 & 1 \\ 0 & 0 & 0 & 0 & 0 \end{matrix}$$

可见所得行最简形矩阵中首非零元 1 所在的列为第 1,2,4 列,故 $\alpha_1,\alpha_2,\alpha_4$ 为所给向量组的一个极大无关组,该向量组中的其余两个向量 α_3,α_5 被该极大无关组线性表示的表达式分别为 $\alpha_3=2\alpha_1-\alpha_2,\alpha_5=\alpha_1+\alpha_2+\alpha_4$。

[**进一步问题**]本例中以向量 $\alpha_1,\alpha_2,\alpha_3,\alpha_4,\alpha_5$ 为列构造出矩阵 a 的方法并不唯一,也可以使用 reshape 语句,如:

a＝[1 −2 0 3 2 −5 −3 6 0 1 3 0 2 −1 4 −7 5 −8 1 2];

a＝reshape(a,4,5)　％使 $\alpha_1,\alpha_2,\alpha_3,\alpha_4,\alpha_5$ 变成矩阵 a 的列向量

请读者自行思考尝试其它的方法。

(3) 向量组的正交化。

orth(a)％求与矩阵 a 的列向量组等价的标准正交向量组,所得结果中含有的向量个数与 a 的列秩相等。

例 11 − 3　求与向量组 $\alpha_1=(1,1,2,3)^{\mathrm{T}}$,$\alpha_2=(-1,1,4,-1)^{\mathrm{T}}$,$\alpha_3=(5,-1,-8,9)^{\mathrm{T}}$ 等价的标准正交向量组。

程序:

a＝[1 −1 5;1 1 −1;2 4 −8;3 −1 9]

format short　％ 设置数据显示为短格式方式,即显示 5 位定点十进制数

result＝orth(a)

运行结果:

$result=$

$$\begin{matrix} -0.3780 & 0.1624 \\ 0.0846 & 0.2918 \\ 0.6319 & 0.7130 \\ -0.6713 & 0.6165 \end{matrix}$$

　　由以上结果可知,与所给向量组等价的标准正交向量组中含有两个向量,它们分别是矩阵 result 的第一列、第二列对应的向量。

　　以下语句是验证矩阵 result 的第一列、第二列对应的向量是否为标准正交向量:

dot(result (:,1),result (:,2))　　　% 求矩阵 result 第一列和第二列的数量积

norm(result (:,1))　　　　　　　　% 求矩阵 result 第一列对应的向量的长度

norm(result (:,2))　　　　　　　　% 求矩阵 result 第二列对应的向量的长度

(4) 线性方程组求解。

rref(A)　　　　% 将矩阵 A 化为行最简形

null(A)　　　　% 给出齐次线性方程组 $Ax = 0$ 的解空间的标准正交基(即基础解系)

null(A,$'r'$)　　% 给出齐次线性方程组 $Ax = 0$ 的解空间的标准正交基(即基础解系),其中以最小整数表示各解向量的分量

例 11 - 4　求下列齐次线性方程组的结构式通解

$$\begin{cases} x_1 + 2x_2 + 4x_3 - 3x_4 = 0 \\ 3x_1 + 5x_2 + 6x_3 - 4x_4 = 0 \\ 4x_1 + 5x_2 - 2x_3 + 3x_4 = 0 \\ 3x_1 + 8x_2 + 24x_3 - 19x_4 = 0 \end{cases}$$

解　利用 MATLAB 求齐次线性方程组的结构式通解有以下两种方法。

方法一:使用 rref 语句

记该方程组的系数矩阵为 **a**,在 MATLAB 软件中输入:

a=[12 4 −3;3 5 6 −4;4 5 −2 3;3 8 24 −19]

formatrat　% 设置 MATLAB 计算结果以较小整数的比值,即分数形式表示

b=rref(a)

运行结果:

a =

1	2	4	−3
3	5	6	−4
4	5	−2	3
3	8	24	−19

b =

$$\begin{matrix} 1 & 0 & -8 & 7 \\ 0 & 1 & 6 & -5 \\ 0 & 0 & 0 & 0 \\ 0 & 0 & 0 & 0 \end{matrix}$$

从矩阵 b 可知，x_3，x_4 可取为自由未知量，x_1，x_2 为约束未知量，以自由未知量表示约束未知量，可得到原方程组的结构式通解为：

　　　　$x =$ c$_1$ $(8,-6,1,0)^T +$ c$_2$ $(-7,5,0,1)^T$，其中 c$_1$，c$_2$ 为任意常数。

方法二：使用 null 语句

　　$a = [12\ 4\ -3;3\ 5\ 6\ -4;4\ 5\ -2\ 3;3\ 8\ 24\ -19]$；

　　format　％同 format short，设置 MATLAB 数据为短格式，显示 5 位定点十

　　　　　进制数

　　null(a)

　　运行结果为：

　　ans =

　　　　-0.7347　　　　0.3374

　　　　　0.5984　　　-0.0713

　　　　-0.2575　　　-0.5939

　　　　-0.1894　　　-0.7269

null(a)给出以 a 为系数矩阵的齐次线性方程组的解空间的正交基，这也是该方程的一个基础解系，故所求结构式通解为：

$$x = c_1 \begin{bmatrix} -0.7347 \\ 0.5984 \\ -0.2575 \\ -0.1894 \end{bmatrix} + c_2 \begin{bmatrix} 0.3374 \\ -0.0713 \\ -0.5939 \\ -0.7269 \end{bmatrix}，其中 c_1，c_2 为任意常数。$$

如运行 null(a,$'r'$)将得到以最小整数表示各分量的基础解系，如下所示：

　　null(a,$'r'$)

　　ans =

　　　　　8　　　-7

　　　　-6　　　　5

　　　　　1　　　　0

　　　　　0　　　　1

此时，所求结构式通解与方法一完全相同。

例 11 - 5　求非齐次线性方程组的结构式通解

$$\begin{cases} x_1 + x_2 - x_3 + 2x_4 = 3 \\ 2x_1 + x_2 - 3x_4 = 1 \\ -2x_1 - 2x_3 + 10x_4 = 4 \end{cases}$$

分析:应先检验所给的非齐次线性方程组是否有解,这可以使用 rank 或 rref 指令。在有解的情况下,非齐次线性方程组的通解由一个特解和对应的齐次方程组的通解构成。

程序:

```
a＝[1 1 −1 2;2 1 0 −3;−2 0 −2 10]
b＝[3;1;4]
c＝[a b]
huajian＝rref(c)
```

将以上程序保存为 exam115. m 文件并运行,结果如下:

huajian =

1	0	1	−5	−2
0	1	−2	7	5
0	0	0	0	0

由上可知,系数矩阵 a 的秩和增广矩阵 c 的秩相等,都为 2,且小于未知量的个数 4,故原方程组有无穷多解。由矩阵 huajian 可知,如令 $x_3 = 0$, $x_4 = 0$ 可得非齐次线性方程组的特解为 $[-2,5,0,0]^{\mathrm{T}}$;再分别令导出组(对应齐次方程组)对应的自由未知量取值为 $(1,0)^{\mathrm{T}},(0,1)^{\mathrm{T}}$,解出相应的约束未知量,则可得到导出组的一个基础解系为 $[-1,2,1,0]^{\mathrm{T}},[5,-7,0,1]^{\mathrm{T}}$,故所求非齐次线性方程组的结构式通解为:

$$x = \begin{bmatrix} -2 \\ 5 \\ 0 \\ 0 \end{bmatrix} + c_1 \begin{bmatrix} -1 \\ 2 \\ 1 \\ 0 \end{bmatrix} + c_2 \begin{bmatrix} 5 \\ -7 \\ 0 \\ 1 \end{bmatrix}, \text{其中 } c_1,c_2 \text{ 为任意常数。}$$

对于上述问题,也可以使用"\"先求出一个特解 x0,再使用 null 语句求其导出组的通解,然后得到非齐次线性方程组的通解。

程序:

```
a＝[1 1 −1 2;2 1 0 −3;−2 0 −2 10]
b＝[3;1;4]
c＝[a b]
x0＝a\b
x1＝null(a)
```

将以上程序保存为 exam1151. m 文件并运行,结果为:

$x0 =$

　　1.5714

　　　　0

　　　　0

　　0.7143

$x1 =$

　　-0.6200　　　0.0940

　　　0.7314　　　0.4020

　　-0.2277　　　0.8893

　　-0.1695　　　0.1967

所求非齐次线性方程组的通解为:

$$x = \begin{bmatrix} 1.5714 \\ 0 \\ 0 \\ 0.7143 \end{bmatrix} + c_1 \begin{bmatrix} -0.6200 \\ 0.7314 \\ -0.2277 \\ -0.1695 \end{bmatrix} + c_2 \begin{bmatrix} 0.0940 \\ 0.4020 \\ 0.8893 \\ 0.1967 \end{bmatrix}, 其中 c_1, c_2 为任意常数。$$

如使用 x2＝null(a,′r′)格式,则得到的导出组的通解和第一种方法相同,请读者自行验证。

(5)特征值与特征向量、实对称矩阵对角化。

eig(a)　 % 求出矩阵 a 的特征值

[tzz,tzxl]＝eig(a) % 求出矩阵 a 的特征值,同时得到对应的特征向量。其中 tzz 的第一列为第一个特征值,对应的特征向量是 tzxl 的第一列,其余以此类推

例 11－6　求矩阵 $a = \begin{bmatrix} 1 & 2 & 3 \\ 4 & 5 & 6 \\ 7 & 8 & 9 \end{bmatrix}$ 全部特征值及相应的特征向量。

程序:

a＝[1 2 3;4 5 6;7 8 9]

tzza＝eig(a)

[tzxl,tzz]＝eig(a)

将以上程序保存为 exam116. m 文件并运行,结果如下:

$tzza =$

16.1168

-1.1168

$$-0.0000$$

tzxl =

-0.2320	-0.7858	0.4082
-0.5253	-0.0868	-0.8165
-0.8187	0.6123	0.4082

tzz =

16.1168	0	0
0	-1.1168	0
0	0	-0.0000

由上可知,所给三阶方阵 **a** 有三个特征值 16.1168, -1.1168, 0,对应的一个特征向量依次可分别取为:$(-0.2320, -0.5253, -0.8187)^{\mathrm{T}}$, $(-0.7858, -0.0868, 0.6123)^{\mathrm{T}}$, $(0.4082, -0.8165, 0.4082)^{\mathrm{T}}$。

[进一步问题] 请读者思考,如何验证 tzxl 矩阵中的列向量是矩阵 **a** 的特征向量?

例 11-7　设实对称矩阵 $\boldsymbol{A} = \begin{bmatrix} 2 & -2 & 0 \\ -2 & 1 & -2 \\ 0 & -2 & 0 \end{bmatrix}$,用相似变换将 **A** 化为对角矩阵 **C**。

程序:

```
A=[2 -2 0;-2 1 -2;0 -2 0]
[V, D]= eig(A)
C=inv(V) * A * V
```

将以上程序保存为 exam117.m 文件并运行,结果如下:

V =

-0.3333	0.6667	-0.6667
-0.6667	0.3333	0.6667
-0.6667	-0.6667	-0.3333

D =

-2.0000	0	0
0	1.0000	0
0	0	4.0000

$C =$

$$
\begin{array}{ccc}
-2.0000 & -0.0000 & -0.0000 \\
-0.0000 & 1.0000 & -0.0000 \\
0.0000 & 0.0000 & 4.0000
\end{array}
$$

(6)实二次型正定性的判断。

例 11 - 8　实二次型 $f(x_1, x_2, x_3) = 2x_1{}^2 + x_2{}^2 - 4x_1 x_2 - 4x_2 x_3$ 是否为正定二次型？

分析：判断实二次型是否正定有多种方法，此处采用检查实二次型的矩阵 **A** 的特征值是否全大于零的方法来做判断。

程序：

A＝[2 −2 0;−2 1 −2;0 −2 0]

flag＝0;　　　　　　%赋初值,flag＝0 表示该矩阵不是正定的,flag＝1 表示
　　　　　　　正定

[v d]＝eig(A);　　　%求矩阵 A 的特征值和特征向量

if(min(diag(d))＞0) % diag(d)用于取出 d 的对角线元素(即 A 的全部特征值),min(d)用于检查 d 中的最小元素(即 A 的最小特征值)是否大于零

flag＝1;

end

switch flag

　case1　　　% 若 flag＝1

　　　disp('A 是正定矩阵')

case 0　　　% 若 flag＝0

　　　disp(' A 不是正定矩阵')

　end

将以上程序保存为 exam118.m 文件并运行,结果如下:

$A =$

$$
\begin{array}{ccc}
2 & -2 & 0 \\
-2 & 1 & -2 \\
0 & -2 & 0
\end{array}
$$

所以,**A** 不是正定矩阵。

[进一步问题]请读者自行尝试使用其它方法判断题中实二次型是否为正定二次型。

(7)配方法。

MATLAB 没有配方的语句,但可通过调用 maple 中的相关命令来实现配方

（MATLAB 已内置了部分 maple 模块，以下功能的实现不需安装 maple 软件），具体方法如下。

首先需要加载 maple 中的 student 函数库，这只需要执行 matlab 语句：

maple('with(student)')

然后声明需要使用的符号变量，这需要执行 matlab 语句 sym x，sym y，sym z 等。实现配方的调用格式有两种：

(1) maple('completesquare(f)')　　　 ％把 f 配方，f 为代数表达式或代数方程
(2) maple('completesquare(f,x)')　　 ％把代数表达式 f 按指定的变量 x 配方
(3) maple('completesquare',f,'[x,y,z]')　 ％把代数表达式 f 按指定的多个变量
　　　　　　　　　　　　　　　　　　　　 配方

例 11 - 9　将代数式 $x^2+y^2-4x+2y$ 分别对不同的变量配方。

程序：

maple('with(student)')；

sym x；sym y；

maple('completesquare','x^2+y^2-4*x+2*y','x')　　 ％对 x 配方

运行结果：

ans ＝(x-2)^2-4+y^2+2*y

maple('completesquare','x^2+y^2-4*x+2*y','y')　　 ％对 x 配方

运行结果：

ans ＝ (y+1)^2-1+x^2-4*x

maple('completesquare(x^2+y^2-4*x+2*y,[x,y])')　　 ％同时对 x,y 配方

运行结果：

ans ＝(y+1)^2-5+(x-2)^2

maple('completesquare','x^2+y^2-4*x+2*y','[x,y]')　 ％运行结果同上

maple('completesquare','x^2+2*x*y-y*z+z^2,[x,y,z]')　 ％同时对 x,y,z
　　　　　　　　　　　　　　　　　　　　　　　　　 配方

运行结果：

ans ＝(z-1/2*y)^2-5/4*y^2+(x+y)^2

maple('completesquare','x^2+x*y-y*z','[x,y,z]')

运行结果：

ans ＝ (x+1/2*y)^2-1/4*y^2-y*z

表达式 f 必须含某个变元的平方项，否则失效。如：

maple('completesquare','x*y-y*z','[x,y,z]')

运行结果：

ans $=x*y-y*z$

（8）二次曲面方程化简及作图。

例 11-10　将二次曲面方程 $2x_1{}^2+x_2{}^2-4x_1x_2-4x_2x_3+4x_1+4x_2=2$ 化成标准方程。

分析：曲面方程可写作 $x^{\mathrm{T}}Ax+2B^{\mathrm{T}}x=2$，其中 $A=\begin{bmatrix}2&-2&0\\-2&1&-2\\0&-2&0\end{bmatrix}$, $B=$

$\begin{bmatrix}2\\2\\0\end{bmatrix}$。对实对称矩阵 A 可采用正交变换将其相似对角化，在此正交变换作用下，原

二次曲面方程可得到初步化简，进一步可对其进行配方，平移，从而得到标准方程。

程序：

```
format rat
syms y1 y2 y3;        %声明 y1、y2、y3 是符号变量
A=[2 -2 0;-2 1 -2;0 -2 0];
B=[2,2,0]';
[V, D]= eig(A);       %求矩阵 A 的特征值和特征向量
P=orth(V);            %将矩阵 V 的列向量组正交化,单位化
y=[y1;y2;y3];
x=P*y                 %正交变换
f=[y1,y2,y3]*P'*A*P*y+2*B'*p*y-2
```

将以上程序保存为 exam119. m 文件并存盘运行，结果如下：

x =

[$-1/3*y1-2/3*y2-2/3*y3$]

[$-2/3*y1-1/3*y2+2/3*y3$]

[$-2/3*y1+2/3*y2-1/3*y3$]

f =

$-2.*y1\hat{\ }2+y2\hat{\ }2+4.*y3\hat{\ }2-4.*y1-4.*y2-.44409e-15*y3-2$

上述结果中出现了 $-.44409e-15$，它表示数 -0.44409×10^{-15}，在 MAT-LAB 数值计算中，1e-15 会被认为是 0，但在 MATLAB 进行符号运算时，并不会同时进行数值运算，故 $-.44409e-15$ 仍被显示出来。

[进一步问题] 对实对称矩阵 A，使用舒尔分解函数 schur 也可实现相同的效果。$[P,T]$=schur(A) 语句执行后得到的矩阵 P 的列向量分别是实对称矩阵 A 的

不同特征值对应的标准正交特征向量，T 是由 A 的特征值构成的对角矩阵。三个矩阵 P,T,A 满足以下关系：$A = PTP'$，$P'P = I$。请读者自行实验使用舒尔分解函数 schur 将实对称矩阵 A 对角化，并与前文提及的 $[V,D] = \text{eig}(A)$ 方法进行对比。然后使用 $A = \text{rand}(n,n)$ 随机产生 n 阶方阵进行同样的实验，分析当 A 不是实对称矩阵时二者的结果有什么差别？

经上述步骤后，原二次曲面被化为 $-2y_1{}^2 + y_2{}^2 + 4y_3{}^2 - 4y_1 - 4y_2 = 2$，对其配方并适当移动坐标系的原点，易得原曲面的标准方程为 $-\dfrac{x'^2}{2} + y'^2 + \dfrac{z'^2}{4} = 1$，请读者自行完成。这是一个单叶双曲面，从中可知 $z = \pm 2\sqrt{1 + \dfrac{x^2}{2} - y^2}$，可画出其图像，程序如下：

```
x=-3:0.1:3;y=-3:0.1:3;
[x,y]=meshgrid(x,y);
z1=2. * sqrt(1+(x.^2)./2-y.^2);
z2=-2. * sqrt(1+(x.^2)./2-y.^2);
plot3(x,y,z1);
hold on;
plot3(x,y,z2)
grid on
title('单叶双曲面')
```

运行结果如图 11.1 所示。

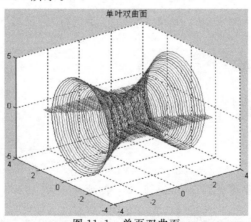

图 11.1　单页双曲面

也可使用 ezsurf 函数和 ezmesh 函数绘制三维表面图，它们主要针对三维参数方程作图。函数 ezmesh 绘制三维网格图，ezsurf 绘制三维表面图。当二次曲面可化为参数方程时,就可以用这两种函数完成绘图。

例 11-11　使用 ezsurf 画出单叶双曲面 $\dfrac{x^2}{16}+\dfrac{y^2}{4}-\dfrac{z^2}{9}=1$ 的图像。

分析　单叶双曲面 $\dfrac{x^2}{a^2}+\dfrac{y^2}{b^2}-\dfrac{z^2}{c^2}=1$ 的参数方程有多种形式,一种较为简便的

形式为:$\begin{cases}x=a\sec u\cos v\\ y=b\sec u\sin v\\ z=c\tan u\end{cases}$ $u\in\left[-\dfrac{\pi}{2},\dfrac{\pi}{2}\right],v\in[0,2\pi]$

程序:

```
subplot(1,2,1)
ezsurf('4 * sec(u) * cos(v)','2. * sec(u) * sin(v)','3. * tan(u)',[-pi. /2,
pi. /2,0,2 * pi])
axis equal
title('ezsurf 绘制单叶双曲面')
subplot(1,2,2)
ezmesh('4 * sec(u) * cos(v)','2. * sec(u) * sin(v)','3. * tan(u)',[-pi. /2,
pi. /2,0,2 * pi])
axis equal
title('ezmesh 绘制单叶双曲面')
```

运行结果如图 11.2 所示。

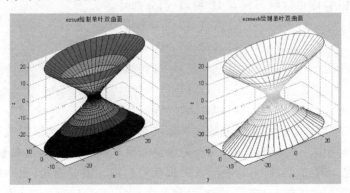

图 11.2　单页双曲面

2. 过河问题(向量应用)

某人要带狗、鸡、米乘船过河,因船小,除人之外最多只能运一物,且只有人可以划船。另外,如果人不在场,则狗会吃掉鸡,鸡会吃光米。试设计一个安全过河

方案,使人、狗、鸡、米能够安全渡河。

分析:开始渡河时,人、狗、鸡、米均在此岸,要求经过一系列的过河运载(每次运载只能一人一物,而且不能把狗和鸡留在一起,也不能把鸡和米留在一起),最后达到目标状态,即人、狗、鸡、米均在彼岸。为了将问题数学化,我们用四维向量来表示初始状态,目标状态以及中间的各种可取状态。

假设一物在此岸时,用数字"1"表示;在彼(对)岸时,用数字"0"表示。从而可以用一个分量仅取数字 0,1 的四维向量来表示(人、狗、鸡、米)的状态。例如:四维向量(1,0,1,0)表示人和鸡在此岸,狗和米在彼岸。

每个分量只能取 0 或 1 的四维向量共有 16 个:

$$(1,1,1,1) \qquad (0,0,0,0)$$
$$(1,1,1,0) \qquad (0,0,0,1)$$
$$(1,1,0,1) \qquad (0,0,1,0)$$
$$(1,0,1,1) \qquad (0,1,0,0)$$
$$(1,1,0,0) \qquad (0,0,1,1)$$
$$(1,0,1,0) \qquad (0,1,0,1)$$
$$(1,0,0,1) \qquad (0,1,1,0)$$
$$(1,0,0,0) \qquad (0,1,1,1)$$

因为鸡和米或狗和鸡不能待在一起,所以(1,1,0,0),(0,0,1,1),(1,0,0,1),(0,1,1,0)(1,0,0,0),(0,1,1,1)所表示的状态都是不允许的,而其他 10 个状态都是允许存在的,即可取状态只有 10 种,它们分别是

$$(1,1,1,1) \qquad (0,0,0,0)$$
$$(1,1,1,0) \qquad (0,0,0,1)$$
$$(1,1,0,1) \qquad (0,0,1,0)$$
$$(1,0,1,1) \qquad (0,1,0,0)$$
$$(1,0,1,0) \qquad (0,1,0,1)$$

状态转移可以经过状态之间的运算来实现,因为摆渡一次即可改变现有的状态,所以同样引入一个四维向量(每个分量只能取 0 或 1)作为转移向量,用它来反映摆渡情况。例如(1,1,0,0)表示人带狗摆渡过河。根据题意,允许使用的转移向量只能有(1,0,0,0,)、(1,1,0,0)、(1,0,1,0)、(1,0,0,1)四个。

实际上,只需要考虑由可取状态到可取状态的转移。这样,问题转化为:由初始状态(1,1,1,1)出发,经奇数次(最终都要到达彼岸)状态转移转化为(0,0,0,0)的转移过程。

规定状态向量与转移向量之和为一新的状态向量,其运算为对应分量相加,且规定 $0+0=0,1+0=0+1=1,1+1=0$。具体分析过程如下:

第 1 次渡河情形　$(1,1,1,1)+\begin{cases}(1,1,0,0)\\(1,0,1,0)\\(1,0,0,1)\\(1,0,0,0)\end{cases}=\begin{cases}(0,0,1,1)\times\\(0,1,0,1)\checkmark\\(0,1,1,0)\times\\(0,1,1,1)\times\end{cases}$

第 2 次渡河情形　$(0,1,0,1)+\begin{cases}(1,0,1,0)\\(1,1,0,0)\\(1,0,0,1)\\(1,0,0,0)\end{cases}\rightarrow\begin{cases}(1,1,1,1)\bigcirc\\(1,0,0,1)\times\\(1,1,0,0)\times\\(1,1,0,1)\checkmark\end{cases}$

第 3 次渡河情形　$(1,1,0,1)+\begin{cases}(1,0,1,0)\\(1,1,0,0)\\(1,0,0,1)\\(1,0,0,0)\end{cases}\rightarrow\begin{cases}(0,1,1,1)\times\\(0,0,0,1)\checkmark\\(0,1,0,0)\checkmark\\(0,1,0,1)\bigcirc\end{cases}$

第 4 次渡河情形　$(0,0,0,1)+\begin{cases}(1,0,1,0)\\(1,1,0,0)\\(1,0,0,1)\\(1,0,0,0)\end{cases}\rightarrow\begin{cases}(1,0,1,1)\checkmark\\(1,1,0,1)\bigcirc\\(1,0,0,0)\times\\(1,0,0,1)\times\end{cases}$

或 $(0,1,0,0)+\begin{cases}(1,0,1,0)\\(1,1,0,0)\\(1,0,0,1)\\(1,0,0,0)\end{cases}\rightarrow\begin{cases}(1,1,1,0)\checkmark\\(1,0,0,0)\times\\(1,1,0,1)\bigcirc\\(1,1,0,0)\times\end{cases}$

第 5 次渡河情形　$(1,0,1,1)+\begin{cases}(1,0,1,0)\\(1,1,0,0)\\(1,0,0,1)\\(1,0,0,0)\end{cases}\rightarrow\begin{cases}(0,0,0,1)\bigcirc\\(0,1,1,1)\times\\(0,0,1,0)\checkmark\\(0,0,1,1)\times\end{cases}$

或 $(1,1,1,0)+\begin{cases}(1,0,1,0)\\(1,1,0,0)\\(1,0,0,1)\\(1,0,0,0)\end{cases}\rightarrow\begin{cases}(0,1,0,0)\bigcirc\\(0,0,1,0)\checkmark\\(0,1,1,1)\times\\(0,1,1,0)\times\end{cases}$

第 6 次渡河情形　$(0,0,1,0)+\begin{cases}(1,0,1,0)\\(1,1,0,0)\\(1,0,0,1)\\(1,0,0,0)\end{cases}\rightarrow\begin{cases}(1,0,0,0)\times\\(1,1,1,0)\bigcirc\\(1,0,1,1)\bigcirc\\(1,0,1,0)\checkmark\end{cases}$

$$第\ 7\ 次渡河情形 \quad (1,0,1,0)+\begin{cases}(1,0,1,0)\\(1,1,0,0)\\(1,0,0,1)\\(1,0,0,0)\end{cases}\to\begin{cases}(0,0,0,0)\checkmark\\(0,1,1,0)\times\\(0,0,1,1)\times\\(0,0,1,0)\bigcirc\end{cases}$$

上图中,如果一个状态为可取状态,就以 √ 标记,否则以 × 标记,如果一个状态虽然可取但已重复,则以 ○ 标记。根据穷举结果,第七次渡河已出现状态(0,0,0,0),说明经过 7 次运算从状态(1,1,1,1)即变为状态(0,0,0,0),即人、狗、鸡、米已安全过河。

依上述分析,可编制 MATLAB 程序求解,程序如下。

程序:

```
%人狗鸡米过河问题求解
clear
status＝[1,1,1,1;0,0,0,0;1,1,1,0;0,0,0,1;1,1,0,1;0,0,1,0;1,0,1,1;
0,1,0,0;1,0,1,0;0,1,0,1]; % 十种允许状态
move＝[1,0,0,0;1,0,1,0;1,1,0,0;1,0,0,1;]; % 四种允许的运载方式
a＝[1,1,1,1];
result＝[];
result＝[result;a];
mid＝[];
stop＝1;
while stop～＝2
    for i＝1:4
    mid(i,:)＝a＋move(i,:); %存放从初始状态施加四种运载操作后的
                            结果
end
for i＝1:4    % 二进制运算,请思考,此处有没有别的实现方法
for j＝1:4
    if(mid(i,j)＝＝2)
        mid(i,j)＝0;
    end
  end
end
check1＝[];
for i＝1:4    % 检查是否为可取状态
```

```
      for j＝1:10
        if (mid(i,:)＝＝status(j,:))
           check1＝[check1;mid(i,:)]
        end
      end
   end
   check2＝[];
   [mcheck1,ncheck1]＝size(check1);
   [m,n]＝size(result);  %检查是否与已有状态重复
   for i＝1:mcheck1
      flag＝true;
      for j＝1:m
        if (check1(i,:)＝＝result(j,:))
             flag＝false;
        end
      end
      if flag＝＝true
         check2＝[check2;check1(i,:)]
      end
   end
   a＝check2(1,:);
   result＝[result;a];
   if (a(1)＝＝0&a(2)＝＝0&a(3)＝＝0&a(4)＝＝0)
       stop＝2;
   end
end
result
```

保存以上程序并运行,结果如下:

$result =$

1	1	1	1
0	1	0	1
1	1	0	1
0	0	0	1
1	0	1	1

$$\begin{matrix} 0 & 0 & 1 & 0 \\ 1 & 0 & 1 & 0 \\ 0 & 0 & 0 & 0 \end{matrix}$$

运行结果表明,经过 7 次渡河,人、狗、鸡、米就安全抵达彼岸。渡河方案为:
第 1 次:人带鸡过河;第 2 次:人自己划船回来;第 3 次:人带狗过河;
第 4 次:人带鸡回来;第 5 次:人带米过河;第 6 次:人自己划船回来;
第 7 次:人带鸡过河。

[进一步问题]上面得到的渡河方案是唯一的吗? 是否存在其它的等效过河方案?

3. 光合作用化学反应方程式的配平

光合作用是地球上规模最大的利用太阳能的活动,它把水和二氧化碳等无机物合成为有机物并释放出氧气。现在人类使用的能源,如煤炭、石油和天然气,也都是植物通过光合作用形成的。它对地球上生物的生存、演化和繁荣起着无比重要的作用。光合作用的化学反应方程式为

$$x_1\, CO_2 + x_2\, H_2O \rightarrow x_3\, C_6H_{12}O_6 + x_4\, O_2 + x_5\, H_2O$$

试配平此化学方程式。

分析:配平化学方程式,就是要使反应式两端的碳、氢、氧三种原子个数相等。
对碳原子,应满足 $x_1 = 6x_3$;
对氢原子,应满足 $2x_2 = 12x_3 + 2x_5$;
对氧原子,应满足 $2x_1 + x_2 = 6x_3 + 2x_4 + x_5$;
整理可得一个五元一次线性齐次方程组:

$$\begin{cases} x_1 - 6x_3 = 0 \\ 2x_2 - 12x_3 - 2x_5 = 0 \\ 2x_1 + x_2 - 6x_3 - 2x_4 - x_5 = 0 \end{cases} \quad 即 \quad \begin{bmatrix} 1 & 0 & -6 & 0 & 0 \\ 0 & 2 & -12 & 0 & -2 \\ 2 & 1 & -6 & -2 & -1 \end{bmatrix} \begin{bmatrix} x_1 \\ x_2 \\ x_3 \\ x_4 \\ x_5 \end{bmatrix} = \begin{bmatrix} 0 \\ 0 \\ 0 \end{bmatrix}$$

程序:

```
a=[1 0 -6 0 0;0 2 -12 0 -2;2 1 -6 -2 -1]
format rat
b=rref(a)
```

将以上程序保存为 M 文件,并运行得:

$$b = \begin{bmatrix} 1 & 0 & 0 & -1 & 0 \\ 0 & 1 & 0 & -1 & -1 \\ 0 & 0 & 1 & -\dfrac{1}{6} & 0 \end{bmatrix}, 可解得 \begin{cases} x_1 = x_4 \\ x_2 = x_4 + x_5 \\ x_3 = \dfrac{1}{6}x_4 \end{cases}, 取自由未知量 x_4 = 6,$$

$x_5 = 1$,得一组整数解为 $(6,7,1,6,1)$,故 $6\,CO_2 + 7H_2O \rightarrow C_6H_{12}O_6 + 6O_2 + H_2O$

考虑到光合作用释放的氧气全部来自水,即上式右边的 $6O_2$ 这 12 个氧原子全部来自左端的 H_2O,$7H_2O$ 显然不足,故给两端同时添加 $5H_2O$,得最终的光合作用化学反应式为:$6\,CO_2 + 12H_2O \rightarrow C_6H_{12}O_6 + 6O_2 + 6H_2O$。显然此式也可通过在上面的求解过程中令自由未知量 $x_4 = 6, x_5 = 6$ 而直接得到。

[**进一步问题**]本题也可对反应前后的物质按所含碳、氢、氧原子的次序分别写

成列向量,如:CO_2:$\begin{bmatrix} 1 \\ 0 \\ 2 \end{bmatrix}$,$H_2O$:$\begin{bmatrix} 0 \\ 2 \\ 1 \end{bmatrix}$,$C_6H_{12}O_6$:$\begin{bmatrix} 6 \\ 12 \\ 6 \end{bmatrix}$,$O_2$:$\begin{bmatrix} 0 \\ 0 \\ 2 \end{bmatrix}$,$H_2O$:$\begin{bmatrix} 0 \\ 2 \\ 1 \end{bmatrix}$,然后求

解以向量形式表示的线性方程组:$x_1\begin{bmatrix} 1 \\ 0 \\ 2 \end{bmatrix} + x_2\begin{bmatrix} 0 \\ 2 \\ 1 \end{bmatrix} = x_3\begin{bmatrix} 6 \\ 12 \\ 6 \end{bmatrix} + x_4\begin{bmatrix} 0 \\ 0 \\ 2 \end{bmatrix} + x_5\begin{bmatrix} 0 \\ 2 \\ 1 \end{bmatrix}$。

4. 气象观测站的调整

某地区内有 12 个气象观测站,为了节省开支,计划减少气象站的数目。已知该地区 12 个气象观测站的位置如图 11.3 所示,10 年来各观测站测得的年降水量如表 11.1 所示。试问:减少哪些观测站之后,所得到的降水量的信息仍然足够大?

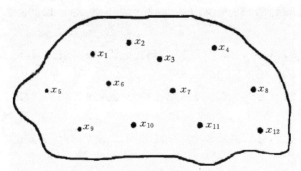

图 11.3　气象观测站分布图

表 11-1　年降水量(单位:mm)

年份	x_1	x_2	x_3	x_4	x_5	x_6	x_7	x_8	x_9	x_{10}	x_{11}	x_{12}
1981	272.6	324.5	158.6	412.5	292.8	258.4	334.1	303.2	292.9	243.2	159.7	331.2
1982	251.6	287.3	319.5	297.4	227.8	453.6	321.5	451.0	446.2	307.5	421.1	455.1
1983	192.7	433.2	289.9	366.3	466.2	239.1	357.4	219.7	245.7	411.1	357.0	353.2
1984	246.2	232.4	243.7	372.5	460.4	158.9	298.7	314.5	256.6	327.0	96.5	423.0
1985	291.7	311.0	502.4	254.0	245.6	324.8	401.0	266.5	251.3	289.9	255.4	362.1
1986	466.5	158.9	223.5	425.1	251.4	321.0	315.4	317.4	246.2	277.5	304.2	410.7
1987	258.6	327.4	432.1	403.9	256.6	282.9	389.7	413.2	466.5	199.3	282.1	387.6
1988	453.4	365.5	357.6	258.1	278.8	467.2	355.2	228.5	453.6	315.6	456.3	407.2
1989	158.5	71.0	410.2	344.2	250.0	360.7	376.4	179.4	159.2	342.4	331.2	377.7
1990	324.8	406.5	235.7	288.8	192.6	284.9	290.5	343.7	283.4	281.2	243.7	411.1

　　分析:若以 12 个 10 维列向量 $\pmb{\alpha}_1,\pmb{\alpha}_2,\pmb{\alpha}_3,\cdots,\pmb{\alpha}_{12}$ 分别表示这 12 个气象观测站 1981~1990 年间的降水量,则可得一个向量组,其中所含向量是 10 维列向量,但却有 12 个,由线性代数知识:$n+1$ 个 n 维向量必线性相关,故这 12 个向量 $\alpha_1,\alpha_2,\alpha_3,\cdots,\alpha_{12}$ 线性相关。求出这个向量组的秩,即可知道其极大无关组中所含线性无关向量的个数,与极大无关组对应的气象观测站将是不可减少的,而其它气象观测站是可以撤掉的,因为其气象数据可由其余的观测站气象数据线性表示。

　　程序:

a=[272.6,324.5,158.6,412.5,292.8,258.4,334.1,303.2,292.9,243.2,
159.7,331.2;

　　251.6,287.3,349.5,297.4,227.8,453.6,321.5,451.0,446.2,307.5,421.1,
455.1;

　　192.7,433.2,289.9,366.3,466.2,239.1,357.4,219.7,245.7,411.1,357.0,
353.2;

　　246.2,232.4,243.7,372.5,460.4,158.9,298.7,314.5,256.6,327.0,296.5,
423.0;

　　291.7,311.0,502.4,254.0,245.6,324.8,401.0,266.5,251.3,289.9,255.4,
362.1;

　　466.5,158.9,223.5,425.1,251.4,321.0,315.4,317.4,246.2,277.5,304.2,
410.7;

　　258.6,327.4,432.1,403.9,256.6,282.9,389.7,413.2,466.5,199.3,282.1,

387.6;

　　453.4,365.5,357.6,258.1,278.8,467.2,355.2,228.5,453.6,315.6,456.3,
407.2;

　　158.5,271.0,410.2,344.2,250.0,360.7,376.4,179.4,159.2,342.4,331.2,
377.7;

　　324.8,406.5,235.7,288.8,192.6,284.9,290.5,343.7,283.4,281.2,243.7,
411.1]

　　% 以 $\alpha_1,\alpha_2,\alpha_3,\cdots,\alpha_{12}$ 为列向量构造一矩阵 a

ranka＝rank(a)

format rat

c＝rref(a)

将以上程序保存为 M 文件,并运行得:

ranka ＝

　　　　10

c ＝

　　Columns 1 through 5

1	*0*	*0*	*0*	*0*
0	*1*	*0*	*0*	*0*
0	*0*	*1*	*0*	*0*
0	*0*	*0*	*1*	*0*
0	*0*	*0*	*0*	*1*
0	*0*	*0*	*0*	*0*
0	*0*	*0*	*0*	*0*
0	*0*	*0*	*0*	*0*
0	*0*	*0*	*0*	*0*
0	*0*	*0*	*0*	*0*

　　Columns 6 through 10

0	*0*	*0*	*0*	*0*
0	*0*	*0*	*0*	*0*
0	*0*	*0*	*0*	*0*
0	*0*	*0*	*0*	*0*
0	*0*	*0*	*0*	*0*
1	*0*	*0*	*0*	*0*
0	*1*	*0*	*0*	*0*

0	0	1	0	0
0	0	0	1	0
0	0	0	0	1

　　　Columns 11 through 12

−9685/147	*19675/32*
−7609/19	*67165/18*
−4315/12	*43660/13*
−8069/33	*52563/23*
−40687/60	*328589/52*
−16441/24	*31934/5*
28005/29	*−63123/7*
−16130/97	*38649/25*
26424/47	*−36633/7*
15089/15	*−28090/3*

　　由上可知,向量组 $\alpha_1,\alpha_2,\alpha_3,\cdots,\alpha_{12}$ 的秩为 10,其极大无关组中含有 10 个线性无关的向量,其极大无关组可取作 $\alpha_1,\alpha_2,\alpha_3,\cdots,\alpha_{10}$,此时, α_{11},α_{12} 可由 $\alpha_1,\alpha_2,\alpha_3,\cdots,\alpha_{10}$ 线性表出,线性表出的系数分别为上述运行结果中的第 11 列和第 12 列的数字。故可以取消第 11 和第 12 这两个观测站,依据其它 10 个观测站所得到的降水量的信息将仍然足够大。

[进一步问题]如果所给观测站的历史观测数据多一些,如 12 年或 12 年以上,则此时前述 12 个列向量 $\alpha_1,\alpha_2,\alpha_3,\cdots,\alpha_{12}$ 的维数将等于或大于向量组自身所含有的列向量个数,这样的向量组未必线性相关。上述的解法将不能再用,此时更一般的解法之一是使用 12 个气象站的观测数据进行模糊聚类分析,最后确定去掉几个观测站。有兴趣者请自行参阅模糊聚类分析相关资料。

实验 11 上机练习题

　　1. 已知 $A=\begin{bmatrix} 2 & 0 & 1 & 4 \\ 0 & 8 & 0 & 1 \\ 0 & 9 & 0 & 4 \\ 4 & 1 & 0 & 2 \end{bmatrix}, B=\begin{bmatrix} 2 & 0 & 1 & 4 \\ 0 & 9 & 3 & 0 \\ 0 & 1 & 0 & 1 \\ 10 & 1 & 10 & 1 \end{bmatrix}$,在 MATLAB 命令窗口中

建立 A、B 矩阵并对其进行以下操作。

　　(1)计算矩阵 A,B 的行列式值,如可逆,分别求其逆矩阵。

(2)分别计算 $3A-4B,AB,BA,A.*B,B.*A,A^{-1}B,B^{-1}A,A^2,A^3,A^T$ 的值。

2. 在 MATLAB 中分别利用矩阵的初等变换及函数 rank、函数 inv 求解下列问题。

$$(1)\ A = \begin{bmatrix} 0 & 0 & 1 & 4 \\ 0 & 9 & 3 & 0 \\ 0 & 1 & 0 & 1 \\ 3 & 1 & 0 & 1 \end{bmatrix} \quad 求\ Rank(A)。 \quad (2)\ B = \begin{bmatrix} 3 & 5 & 0 & 1 \\ 1 & 2 & 0 & 0 \\ 1 & 0 & 2 & 0 \\ 1 & 2 & 0 & 2 \end{bmatrix} \quad 求\ B^{-1}。$$

3. 在 MATLAB 中随机产生一个矩阵,验证其行秩、列秩、阶数最高的非零子式的阶数相等。

4. 在 MATLAB 中判断下列向量组是否线性相关,并找出向量组中的一个最大线性无关组:$\alpha_1 = (1,1,3,2)'$,$\alpha_2 = (-1,1,-1,3)'$,$\alpha_3 = (5,-2,8,9)'$,$\alpha_4 = (-1,3,1,7)'$。

5. 在 MATLAB 中判断下列方程组解的情况,若有多个解,写出通解:

$$(1)\begin{cases} x_1 - x_2 + 5x_3 - 2x_4 = 0 \\ x_1 - x_2 - x_3 + 2x_4 = 0 \\ 2x_1 - 2x_2 + 4x_3 = 0 \\ x_1 - 3x_2 - 12x_3 + 6x_4 = 0 \end{cases} \qquad (2)\begin{cases} x_1 - x_2 + 2x_3 = 3 \\ x_1 + 3x_2 = 1 \\ x_2 - x_3 = -1 \\ x_1 - 4x_2 - 3x_3 = -2 \end{cases}$$

6. 化方阵 $A = \begin{bmatrix} 1 & 3 & 1 & 5 \\ 3 & 2 & 3 & 4 \\ 1 & 3 & 8 & 9 \\ 5 & 4 & 9 & 9 \end{bmatrix}$ 为对角阵。

7. 求一个正交变换,将二次型 $f = 5x_1^2 + 5x_2^2 + 3x_3^2 - 2x_1x_2 + 6x_1x_3 - 6x_2x_3$ 化为标准型。

8. 三名富有的商人各带一名随从过河,河边只有一艘能容纳两人的小船,随从们秘密约定:在河的任一岸,一旦随从人数比商人多,他们就杀掉商人半分其钱财。如何乘船渡河的权利掌握在商人们手上。请使用 MATLAB 编制完整程序,帮助商人们制定一个安全的渡河方案。如果商人人数改为 4 人,他们还能安全过河吗?编制相应的 MATLAB 程序进行检验。

9. 有三对夫妻要过河,船最多可载两人,根据阿拉伯法律,任一女子不得在其丈夫不在场的情况下与其他男子在一起,问此时这三对夫妻能否过河?若船最多载三人,五对夫妻能否安全过河?

10. 配平以下化学反应方程式

$KMnO_4 + KI + H_2SO_4 \rightarrow MnSO_4 + I_2 + KIO_3 + K_2SO_4 + H_2O$

$Cu + HNO_3 \rightarrow Cu(NO_3)_2 + NO\uparrow + NO_2\uparrow + H_2O$

$$FeSO_4 + HNO_3 + H_2SO_4 \rightarrow Fe_2(SO_4)_3 + NO + H_2O$$

11. 某调料公司用七种原料生产出了 6 款调味产品,各产品所需原料用量如表 11-2 所示。

表 11-2

	A	B	C	D	E	F
辣椒	3	1.5	4.5	7.5	9	4.5
姜	2	4	0	8	1	6
胡椒	1	2	0	4	2	3
欧时萝	1	2	0	4	1	3
大蒜粉	0.5	1	0	2	2	1.5
盐	0.5	1	0	2	2	1.5
丁香油	0.25	0.5	0	2	1	0.75

讨论并解决下列问题。

(1)一顾客不打算购买全部的各款产品,他想只购买 A、B、C、D、E、F、G 中的一部分,然后用这一部分配制出其余几种。试从理论上分析该顾客最少必须购买哪几种? 他的选择方案唯一吗,有几种?

(2)上问中从理论上得到的最小调味品集合在现实中都可以实现吗? 现实中该顾客能有几种选择方案?

(3)利用(1)中找到的最小调味品集合,按下面的成分配制新型调味品。

辣椒	姜	胡椒	欧时萝	大蒜粉	盐	丁香油
18	18	9	9	4.5	4.5	3.25

问每种调味品需要买几包?

如 A、B、C、D、E、F 6 种调味品价格如下(单位:元):

A	B	C	D	E	F
2.30	1.15	1.00	3.20	2.50	3.00

计算按上表成分配制出的新型调味品的价格。

(4)另一个顾客希望按下列成分配制另一种新型调味品:

辣椒	姜	胡椒	欧时萝	大蒜粉	盐	丁香油
12	14	7	7	35	35	175

计算她要购买的最小调味品集合是什么?

(5)总结该题目用到的知识点。

附录 1
MATLAB 使用过程中的常见问题

1. 什么是 MATLAB?

MATLAB 的含义是矩阵实验室(MATrix LABoratory),它是 MathWorks 公司于 1982 年推出的一套高性能的数值计算和可视化的科学工程计算软件。它不但具有以矩阵计算为基础的强大的数值计算和分析功能,还具有丰富的可视化图形表示功能和方便的程序设计能力。

2. 标量、向量和矩阵有何关系?

矩阵是 MATLAB 进行数据处理和运算的基本元素,MATLAB 的大部分运算或命令都是在矩阵运算的意义下进行的。通常意义的数量(标量)在 MATLAB 中是作为 1×1 的矩阵来处理的,而仅有一行或一列的矩阵在 MATLAB 中称为向量。

3. 矩阵与数组相同吗,什么情况下需使用点运算符?

在 MATLAB 中,矩阵和数组的输入形式和书写方法是相同的,都是一些数的集合,其区别仅仅在于进行运算时,数组运算是数组中对应元素的运算,而矩阵运算则应符合矩阵运算的规则。数组的运算符号是在相应的矩阵运算符号前加一个点。

例如:乘法运算时,矩阵使用"$*$"运算符,要求相乘的矩阵有相邻的公共阶,即当矩阵 a 为 $i \times j$ 阶,矩阵 b 为 $j \times k$ 阶,矩阵 a 和矩阵 b 才能相乘。而数组的乘法符号用". $*$"表示,a,b 两个数组必须具有相同的阶数。

例:a＝[1,2,3;4,5,6]

    b＝[2,3,4;7,8,9]

    c＝a. $*$ b   %数组运算,数组中对应元素相乘,在这里,不能进行 a $*$ b 运算

    b1＝[2,3;4,5;6,7]

    c1＝a $*$ b1   %矩阵运算,按矩阵运算规则进行计算

    $a =$

$$
\begin{array}{ccc}
1 & 2 & 3 \\
4 & 5 & 6
\end{array}
$$

$b =$

$$
\begin{array}{ccc}
2 & 3 & 4 \\
7 & 8 & 9
\end{array}
$$

$c =$

$$
\begin{array}{ccc}
2 & 6 & 12 \\
28 & 40 & 54
\end{array}
$$

$b1 =$

$$
\begin{array}{cc}
2 & 3 \\
4 & 5 \\
6 & 7
\end{array}
$$

$c1 =$

$$
\begin{array}{cc}
28 & 34 \\
64 & 79
\end{array}
$$

4. 运行时为什么在屏幕上无结果显示？

在 MATLAB 中，语句结尾若加上分号";"，其作用是将计算结果存入内存，但不显示在屏幕上。语句结尾若不加";"，则表示在语句执行后，在将计算结果存入内存的同时，还将运算结果显示出来。

例：a＝[1,2,3;4,5,6]；　　　　　%将计算结果存入内存，不显示在屏幕上

　　b＝[8,－7,4;3,5,2]；

　　c＝a＞＝b　　　　　　　　　%将计算结果存入内存，并显示在屏幕上

　　c＝

$$
\begin{array}{ccc}
0 & 1 & 0 \\
1 & 1 & 1
\end{array}
$$

5. 运行结果不正确总是一个数字，这是怎么回事？

在 MATLAB 中，M 文件的文件名不能用数字序列命名，否则，运行结果总是此数字。例如下列程序保存时用文件名 1. m，运行时没有任何提示，但结果是 1。另外，M 文件也不能用汉字命名，因为 MATLAB 是以 M 文件的文件名作为执行程序的命令。

例：a＝10

　　b＝20

　　c＝a＋b

$$ans = $$
$$1$$

6. 如何中断当前运算？

在 MATLAB 中使用 Ctrl＋C 中断当前运算。

7. 如何检查括号匹配？

在 M 文件窗口使用 Ctrl＋B 检查括号匹配。

8. 如何查找有关功能的函数或命令？

查找具有某种功能的函数但不知道该函数的准确名称时，可用 lookfor 命令。它可以根据用户提供的完整或不完整的关键词，搜索与该关键词有关的函数或命令。找到所需要的命令后，可用 help 进一步找出其用法。

例：查找有关积分的函数，使用 integral 作为关键词。

在命令窗口输入 **lookfor integral**，系统将显示全部与积分有关的函数。

lookfor integral

ELLIPKE Complete elliptic integral.

EXPINT Exponential integral function.

DBLQUAD Numerically evaluate double integral.

QUAD Numerically evaluate integral, adaptive Simpson quadrature.

...

9. 如何得到有关函数或命令的帮助

可用 help 命令得到有关函数或命令的帮助信息。

例：查看 format 命令的使用方法。

help format

FORMAT Set output format.

  All computations in MATLAB are done in double precision.

  FORMAT may be used to switch between different out put

  display formats as follows：

    FORMAT　　　Default. Same as SHORT.

    FORMAT SHORT　　Scaled fixed point format with 5 digits.

    FORMAT LONG　　Scaled fixed point format with 15 digits.

    FORMAT SHORT E Floating point format with 5 digits.

    ...

10. 窗口的颜色和字体如何修改？

用户可在菜单 File\Preferences\Fonts 或 Colors 中进行选择设置，来改变窗口的颜色、字体、字号等。如图 F1.1 所示。

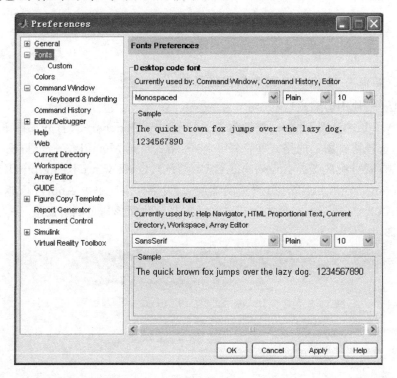

图 F1.1

11. 为什么在小数点后显示四位？

MATLAB 中的矩阵运算默认都是双精度浮点型运算。在命令窗口显示时，默认小数点后显示四位。我们可以用 format 命令或通过 File/Preferences/Numeric format 菜单改变数字的显示格式。改变显示格式并不影响其计算精度，内部存储和运算仍按双精度浮点型进行。

例：π 的几种显示格式

pi　　　　　　　　　　　%短格式

ans =

3.1416

format long　　　　　　　%长格式

pi

ans =

3.14159265358979

format short e　　　　　　　%短 e 格式

pi

$ans =$

　$3.1416e+000$

12. 如何将 MATLAB 绘制的图形贴到 word 里？

方法一：使用剪贴板

在 MATLAB 图形窗口：首先单击 Edit\Copy Options…. ，打开如图 F1.2 所示窗口，选择拷贝图形的格式和背景。其中：格式可选 Metafile(矢量图)或 Bitmap (位图)，背景可设成 Use figure color(原图颜色)、Force white background(白色背景)或 Transparent background(透明背景)。设置好以后单击 Apply\ok 返回。然后在 MATLAB 图形窗口单击 Edit\Copy Figure 将图形拷贝到剪贴板，进入 Word 后粘贴即可。

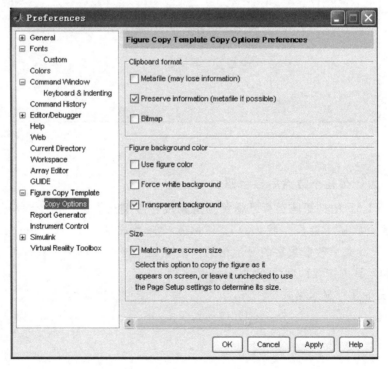

图 F1.2

例如：三种不同背景下的 ezsurf('x * exp(−x^2−y^2)')命令所画图形的位图拷贝结果，如图 F1.3、图 F1.4 和图 F1.5 所示。

(1)原图颜色。

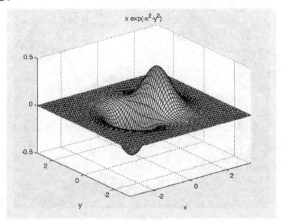

图 F1.3

(2)白色背景。

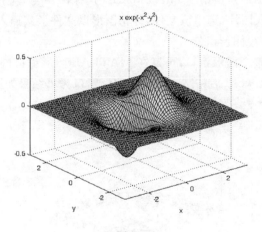

图 F1.4

(3)透明背景。

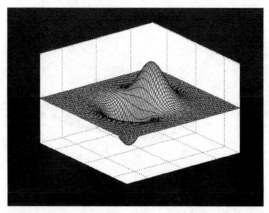

图 F1.5

方法二：生成图形文件

在 MATLAB 图形窗口菜单 File\Export…选择保存类型，生成.eps 或.jpg 文件。在 Word 中插入图片，选中该文件，即将图形以文件形式插入到了 word 中。

方法三：拷贝整个图形窗口

如果需要拷贝整个图形窗口，可以在 MATLAB 图形窗口同时按 Alt＋Print-Screen 键，然后进入 word 后粘贴。上例的图形窗口拷贝结果如图 F1.6 所示。

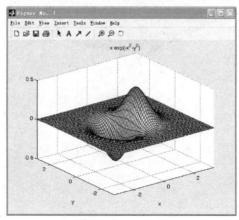

图 F1.6

13. 如何注释一大段代码？

方法一：选中代码，**Ctrl＋R**(注释)／ **Ctrl＋T**(取消注释)

方法二：选中代码，用 Text 菜单或者右键弹出中的 **Comment** /**Uncommern**。

方法三：**if(0)**
　　　　大段的代码
　　　　End

14. 如何计算程序运行的时间？

方法一：**tic**
　　　　程序段
　　　　toc

方法二：**t＝cputime**
　　　　程序段
　　　　cputime-t

例：**tic**
　　syms x
　　f＝1/(5＋cos(x))
　　r＝taylor(f,7)
　　toc
　　f ＝ 1/(5＋cos(x))
　　r ＝ 1/6＋1/72 ∗ x̂2-1/17280 ∗ x̂6
　　Elapsed time is 0.015000 seconds.

15. 非数 NaN 是怎样产生的，它的用途是什么？

在 MATLAB 中用 NaN 或 nan 表示一个非数(Not a Number)。$\frac{0}{0}$，$\frac{\infty}{\infty}$，$0\times$ ∞ 等运算都会产生。

NaN 具有如下性质：

　　(1)NaN 参与运算所得的结果也是 NaN，即具有传递性；

　　(2)非数没有"大小"概念，因此不能比较两个非数的大小。

NaN 的作用：

　　(1)记述 $\frac{0}{0}$，$\frac{\infty}{\infty}$，$0\times\infty$ 等运算的结果；

　　(2)避免可能因 $\frac{0}{0}$，$\frac{\infty}{\infty}$，$0\times\infty$ 等运算而造成程序执行的中断；

　　(3)在数据可视化中，用来裁剪图形。

例：①非数的产生
a＝0/0,b＝0 ∗ log(0),c＝inf－inf
Warning：Divide by zero.
a ＝ NaN

Warning：*Log of zero*.

$b = NaN$

$c = NaN$

②非数的传递性

$0 * \mathbf{a}, \sin(\mathbf{a})$

ans $= NaN$

ans $= NaN$

③非数的图形裁剪见 16。

16．利用关系运算求近似极限,修补图形缺口。

例：$\mathbf{x} = -2 * \mathbf{pi} : \mathbf{pi}/10 : 2 * \mathbf{pi}$；　　％x 数组中存在 0 元素

　　$\mathbf{y} = \sin(\mathbf{x})./\mathbf{x}$；　　　　　　％x＝0 处,计算将产生 NaN,图形有缺口

　　$\mathbf{xx} = \mathbf{x} + (\mathbf{x} == 0) * \mathbf{eps}$；　　％利用关系运算使 0 元素被 eps(机器零)代替

　　$\mathbf{yy} = \sin(\mathbf{xx})./\mathbf{xx}$；　　　　％x＝0 处,给出近似极限,修补了图形缺口

　　$\mathbf{subplot}(1,2,1), \mathbf{plot}(\mathbf{x},\mathbf{y}), \mathbf{axis}([-7,7,-0.5,1.2])$,

　　$\mathbf{xlabel}('\mathbf{x}'), \mathbf{ylabel}('\mathbf{y}'), \mathbf{title}('残缺图形')$

　　$\mathbf{subplot}(1,2,2), \mathbf{plot}(\mathbf{xx},\mathbf{yy}), \mathbf{axis}([-7,7,-0.5,1.2])$

　　$\mathbf{xlabel}('\mathbf{x}'), \mathbf{ylabel}('\mathbf{yy}'), \mathbf{title}('正确图形')$

Warning：*Divide by zero*.

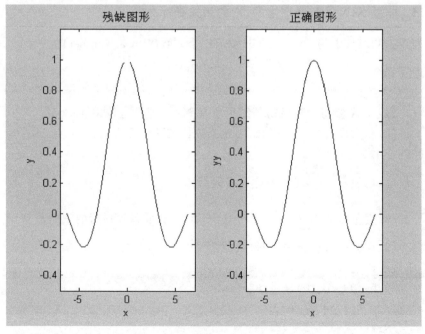

图 F1.7

17. 怎样用 eps 避免被 0 除？

用特殊的 MATLAB 数值 eps 代替数组中的零元素,这种表达式避免被 0 除是很有用的。

例:x＝－2:2　　　　　　　 %x 数组中存在 0 元素

y＝sin(2 * x)./sin(5 * x)　　%x＝0 处,计算将产生 NaN

x1＝x＋(x==0) * eps　　　　%用 eps(机器零)代替 0 元素

y1＝ sin(2 * x1)./ sin(5 * x1)　% 在 x＝0 处给出了极限值0.4000,避免被
　　　　　　　　　　　　　　　　0 除

$x =$

　　-2　　　-1　　　0　　　1　　　2

Warning：Divide by zero.

$y =$

　　1.3911　　　-0.9482　　　NaN　　　-0.9482　　　1.3911

$x1 =$

　　-2.0000　　　-1.0000　　　0.0000　　　1.0000　　　2.0000

$y1 =$

　　1.3911　　　-0.9482　　　0.4000　　　-0.9482　　　1.3911

18. 由符号运算得到的公式怎么才能将数据代进去运算？

先将值赋予一个符号变量,然后用 eval()。

例:syms x n　　　　　　　%创建符号变量 x、n

y＝x^n　　　　　　　　　%y 是符号类型

f＝diff(y)　　　　　　　　%f 是符号类型

x＝3　　　　　　　　　　%赋数值数据

f1＝eval(f)　　　　　　　%将 x 代进去运算,f1 是符号类型

n＝2　　　　　　　　　　%赋数值数据

f2＝ eval(f)　　　　　　　%将 x、n 代进去运算,f2 是数值类型

$y = x^n$

$f = x^n * n/x$

$x = 3$

$f1 = 1/3 * 3^n * n$

$n = 2$

$f2 = 6$

19. 如何恢复预定义变量值?

在 MATLAB 中存在一些系统默认的预定义变量(见表 1 - 1),每当 MAT-LAB 启动时,这些变量就被产生。这些特殊的变量我们也称之为常量。用户程序中使用的变量应避免与这些常量名重复,以防改变这些常量的值,如果已改变了某个常量的值,可以通过以下方法恢复该常量的初始设定值。

方法一:**clear**＋常量名

方法二:重新启动 MATLAB 系统

例:**pi＝0**

clear pi

a＝pi

pi ＝ 0

a ＝ 3.1416

20. 如何实现交互输入?

在命令窗口进行交互输入,通过 input 命令。

例:求 n 个奇数的和:$s＝1＋3＋5＋\cdots＋(2n-1)$

n＝input('Please input number n＝');　　　　%命令窗口输入 n

s＝0;

for i＝1:n

　　s＝s＋(2 * i－1);

end

disp (s);　　　　%显示 s 的值

Please input number n＝**5**

　　　25

21. 如何在命令窗口按照格式输出?

按格式输出使用 fprintf(″your_format_string″,var1,var2,…)命令。

例:利用麦克劳林公式,求 e 的近似值:e＝1＋1＋1/2! ＋1/3! ＋…＋1/n!

　　n＝input('Please input n＝');

　　p＝1;

　　e＝1;

　　for i＝1:n

　　　p＝p * i;

　　　p1＝1/p;

　　　e＝e＋p1;

　　fprintf('i＝%.0f,p＝%.0f,e＝%.8f\n',i,p,e);

　end

Please input n＝10

　　$i＝1,p＝1,e＝2.00000000$

　　$i＝2,p＝2,e＝2.50000000$

　　$i＝3,p＝6,e＝2.66666667$

　　$i＝4,p＝24,e＝2.70833333$

　　$i＝5,p＝120,e＝2.71666667$

　　$i＝6,p＝720,e＝2.71805556$

　　$i＝7,p＝5040,e＝2.71825397$

　　$i＝8,p＝40320,e＝2.71827877$

　　$i＝9,p＝362880,e＝2.71828153$

　　$i＝10,p＝3628800,e＝2.71828180$

　　fprintf 命令中单引号内%.8f 为数据输出格式,意指显示一实数时,小数点后显示 8 位,%.0f 意指只显示整数部分,小数部分不显示。

　　22. 怎样删除矩阵的某一行或某一列?

　　A(i,:)＝[];　删除矩阵 A 的第 i 行

　　A(:,j)＝[];　删除矩阵 A 的第 j 列

例:

　　a＝[1,2,3,4;2,3,4,5;3,4,5,6]　　%定义 3 行 4 列矩阵 a、b

　　b＝a

　　a(2,:)＝[]　　%删除 a 的第 2 行,a 矩阵成为 2 行 4 列

　　b(:,3)＝[]　　%删除 b 的第 3 列,b 矩阵成为 3 行 3 列

　　$a =$

1	2	3	4
2	3	4	5
3	4	5	6

　　$b =$

1	2	3	4
2	3	4	5
3	4	5	6

　　$a =$

1	2	3	4
3	4	5	6

$b =$

$$
\begin{array}{ccc}
1 & 2 & 4 \\
2 & 3 & 5 \\
3 & 4 & 6
\end{array}
$$

23. 离散数据如何串接成矩阵？

在实际问题中有时需要把一些离散的数据串接成一个矩阵,然后对矩阵进行处理。

例:由离散的 t 矩阵生成 y 矩阵

t＝[1;2;3];

y＝[];

for i＝1:1:10

　　x＝i * t;　　%x 总是一个 3 行 1 列的矩阵

　　y＝[y,x];%进行串接,10 次循环后,生成一个 3 行 10 列的 y 矩阵

end

x

y

$x =$

$$
\begin{array}{c}
10 \\
20 \\
30
\end{array}
$$

$y =$

$$
\begin{array}{cccccccccc}
1 & 2 & 3 & 4 & 5 & 6 & 7 & 8 & 9 & 10 \\
2 & 4 & 6 & 8 & 10 & 12 & 14 & 16 & 18 & 20 \\
3 & 6 & 9 & 12 & 15 & 18 & 21 & 24 & 27 & 30
\end{array}
$$

24. MATLAB 中有没有画圆或椭圆的函数？

MATLAB 没有提供直接绘圆或椭圆的函数,需要自己编写程序来实现。

　　sita＝0:pi/20:2 * pi;

　　plot(r * cos(sita),r * sin(sita));　　　　　%半径为 r 的圆

　　plot(a * cos(sita＋fi),b * sin(sita＋fi));　%椭圆

　　rectangle('Curvature', [1 1])　　　　　　%单位圆

25. 在 MATLAB 中有 goto 语句吗？

MATLAB 中没有提供 goto 语句,因为结构化程序设计不推荐使用 goto。

26. MATLAB 中有阶乘函数吗？

MATLAB 没有提供直接的阶乘函数，但可以用 prod(1:n) 来求 n!，用 prod(1:2:2 * n−1) 求 (2n−1)!! 或者 prod(2:2:2 * n) 来求解 (2n)!!。

例：　　**a＝prod(1:4)**　　　　　%4 的阶乘

　　　　b＝prod(2:2:2 * 4)　　　%8 的双阶乘

　　　　c＝prod(1:2:2 * 5−1)　　%9 的双阶乘

a ＝ 24

b ＝ 384

c ＝ 945

27. MATLAB 中能开多大数组？

下列命令返回矩阵所包含元素的最大数。[C,MAXSIZE]＝ computer

例：

[C,MAXSIZE]＝ computer

C ＝ PCWIN

MAXSIZE ＝ 2.1475e＋009

附录 2

MATLAB 主要函数命令一览

一、常用命令集和工具箱

1. general	常用命令 General purpose commands.	
2. elmat	基本矩阵与矩阵操作 Elementary matrices and matrix manipulation.	
3. elfun	基本数学函数 Elementary math functions.	
4. matfun	矩阵函数与数值线性代数 Matrix functions-numerical linear algebra.	
5. polyfun	插值与多项式 Interpolation and polynomials.	
6. funfun	功能函数与微分方程求解 Function functions and ODE solvers.	
7. graph2d	二维图形 Two dimensional graphs.	
8. graph3d	三维图形 Three dimensional graphs.	
9. datafun	数据分析 Data analysis.	
10. strfun	字符串操作 Character strings.	
11. optim	优化工具箱 Optimization Toolbox.	
12. Symbolic	符号函数工具箱 Symbolic Math Toolbox	

二、各类命令集和工具箱所含主要函数

1. 常用命令 General purpose commands.

(1)管理工作区 Managing the workspace.

who   —List current variables.

whos   — List current variables, long form.

clear	— Clear variables and functions from memory.
load	— Load workspace variables from disk.
save	— Save workspace variables to disk.
quit	— Quit MATLAB session.

(2)管理搜索路径 Managing the search path

path	— Get/set search path.
addpath	— Add directory to search path.
rmpath	— Remove directory from search path.
pathtool	— Modify search path.

(3)控制命令窗 Controlling the command window.

echo	— Echo commands in M-files.
more	— Control paged output in command window.
format	— Set output format.
beep	— Produce beep sound.

2. 基本矩阵与矩阵操作 Elementary matrices and matrix manipulation.

(1)基本矩阵 Elementary matrices.

zeros	— Zeros array.
ones	— Ones array.
eye	— Identity matrix.
rand	— Uniformly distributed random numbers.
randn	— Normally distributed random numbers.
linspace	— Linearly spaced vector.
logspace	— Logarithmically spaced vector.
meshgrid	— X and Y arrays for 3-D plots.
:	— Regularly spaced vector and index into matrix.

(2)基本排列信息 Basic array information.

size	— Size of array.
length	— Length of vector.
ndims	— Number of dimensions.
numel	— Number of elements.
disp	— Display matrix or text.
isempty	— True for empty array.
isequal	— True if arrays are numerically equal.
isnumeric	— True for numeric arrays.

(3)矩阵运算 Matrix manipulation.

cat　　　　　　— Concatenate arrays.

reshape　　　　— Change size.

diag　　　　　　— Diagonal matrices and diagonals of matrix.

tril　　　　　　— Extract lower triangular part.

triu　　　　　　— Extract upper triangular part.

rot90　　　　　— Rotate matrix 90 degrees.

:　　　　　　　— Regularly spaced vector and index into matrix.

find　　　　　　— Find indices of nonzero elements.

end　　　　　　— Last index.

(4)特殊变量与常数 Special variables and constants.

ans　　　　　　— Most recent answer.

eps　　　　　　— Floating point relative accuracy.

realmax　　　　— Largest positive floating point number.

realmin　　　　— Smallest positive floating point number.

pi　　　　　　— 3.1415926535897….

i, j　　　　　　— Imaginary unit.

inf　　　　　　— Infinity.

NaN　　　　　　— Not-a-Number.

(5)特殊矩阵 Specialized matrices.

compan　　　　— Companion matrix.

hankel　　　　— Hankel matrix.

hilb　　　　　— Hilbert matrix.

magic　　　　— Magic square.

vander　　　　— Vandermonde matrix.

3. 基本数学函数 Elementary math functions.

(1)三角函数 Trigonometric.

sin　　　　　　— Sine.

asin　　　　　— Inverse sine.

cos　　　　　— Cosine.

acos　　　　　— Inverse cosine.

tan　　　　　— Tangent.

atan　　　　　— Inverse tangent.

sec　　　　　— Secant.

csc	— Cosecant.
cot	— Cotangent.
acot	— Inverse cotangent.

(2)指数对数函数 Exponential.

exp	— Exponential.
log	— Natural logarithm.
log10	— Common (base 10) logarithm.
log2	— Base 2 logarithm and dissect floating point number.
pow2	— Base 2 power and scale floating point number.
sqrt	— Square root.

(3)复数 Complex.

abs	— Absolute value.
angle	— Phase angle.
complex	— Construct complex data from real and imaginary parts.
conj	— Complex conjugate.
imag	— Complex imaginary part.
real	— Complex real part.

(4)取整与求余 Rounding and remainder.

fix	— Round towards zero.
floor	— Round towards minus infinity.
ceil	— Round towards plus infinity.
round	— Round towards nearest integer.
mod	— Modulus (signed remainder after division).
rem	— Remainder after division.
sign	Signum.

4. 矩阵函数与数值线性代数 Matrix functions-numerical linear algebra.

(1)矩阵分析 Matrix analysis.

norm	— Matrix or vector norm.
normest	— Estimate the matrix 2-norm.
rank	— Matrix rank.
det	— Determinant.
trace	— Sum of diagonal elements.
null	— Null space.
orth	— Orthogonalization.

rref　　　　　— Reduced row echelon form.

(2)线性方程组 Linear equations.

\ and /　　　— Linear equation solution；use ″help slash″.

inv　　　　　— Matrix inverse.

cond　　　　— Condition number with respect to inversion.

condest　　　— 1-norm condition number estimate.

normest1　　— 1-norm estimate.

lu　　　　　— LU factorization.

(3)特征值 Eigenvalues.

eig　　　　　— Eigenvalues and eigenvectors.

eigs　　　　— A few eigenvalues.

poly　　　　— Characteristic polynomial.

polyeig　　　— Polynomial eigenvalue problem.

hess　　　　— Hessenberg form.

5. 插值与多项式 Interpolation and polynomials.

(1)数据插值 Data interpolation.

interp1　　　— 1-D interpolation (table lookup).

interp2　　　— 2-D interpolation (table lookup).

interp3　　　— 3-D interpolation (table lookup).

griddata　　　—Data gridding and surface fitting.

griddata3　　—Data gridding and hyper-surface fitting for 3-dimensional data.

(2)样条插值 Spline interpolation.

spline　　　—Cubic spline interpolation.

ppval　　　—Evaluate piecewise polynomial.

(3)多项式 Polynomials.

roots　　　—Find polynomial roots.

poly　　　　—Convert roots to polynomial.

polyval　　　—Evaluate polynomial.

polyfit　　　—Fit polynomial to data.

polyder　　　—Differentiate polynomial.

6. 功能函数与微分方程求解 Function functions and ODE solvers.

(1)优化与函数求解 Optimization and root finding.

fminbnd　　　—Scalar bounded nonlinear function minimization.

fminsearch　— Multidimensional unconstrained nonlinear minimization，by

　　　　　Nelder-Mead direct search method.

fzero　　　　　—Scalar nonlinear zero finding.

(2)数值积分 Numerical integration (quadrature).

quad　　　　　—Numerically evaluate integral，low order method.

quadl　　　　　—Numerically evaluate integral，higher order method.

dblquad　　　　—Numerically evaluate double integral.

triplequad　　　—Numerically evaluate triple integral.

(3)画图 Plotting.

ezplot　　　　　—Easy to use function plotter.

ezplot3　　　　—Easy to use 3-D parametric curve plotter.

ezpolar　　　　—Easy to use polar coordinate plotter.

ezmesh　　　　—Easy to use 3-D mesh plotter.

ezsurf　　　　　—Easy to use 3-D colored surface plotter.

fplot　　　　　—Plot function.

(4)内联函数 Inline function object.

inline　　　　　—Construct INLINE function object.

char　　　　　—Convert INLINE object to character array.

(5)微分方程求解 Differential equation solvers.

ode45　　　　　—Solve non-stiff differential equations，medium order method.

ode23　　　　　—Solve non-stiff differential equations，low order method.

7. 二维图形 Two dimensional graphs.

(1)基本平面图 Elementary X-Y graphs.

plot　　　　　—Linear plot.

polar　　　　　—Polar coordinate plot.

plotyy　　　　—Graphs with y tick labels on the left and right.

(2)坐标轴控制 Axis control.

axis　　　　　—Control axis scaling and appearance.

zoom　　　　　—Zoom in and out on a 2-D plot.

grid　　　　　—Grid lines.

hold　　　　　—Hold current graph.

axes　　　　　—Create axes in arbitrary positions.

subplot　　　　—Create axes in tiled positions.

(3)图形注释 Graph annotation.

legend　　　　—Graph legend.

title	—Graph title.
xlabel	—X-axis label.
ylabel	—Y-axis label.
texlabel	—Produces TeX format from a character string.
text	—Text annotation.
gtext	—Place text with mouse.

8. 三维图形 Three dimensional graphs.

(1)基本三维图 Elementary 3-D plots.

plot3	—Plot lines and points in 3-D space.
mesh	—3-D mesh surface.
surf	—3-D colored surface.
fill3	—Filled 3-D polygons.

(2)颜色控制 Color control.

colormap	—Color look-up table.
shading	—Color shading mode.
hidden	—Mesh hidden line removal mode.
brighten	—Brighten or darken color map.

9. 数据分析 Data analysis.

(1)基本运算 Basic operations.

max	—Largest component.
min	—Smallest component.
mean	—Average or mean value.
median	—Median value.
std	—Standard deviation.
var	—Variance.
sort	—Sort in ascending order.
sortrows	—Sort rows in ascending order.
sum	—Sum of elements.
trapz	—Trapezoidal numerical integration.

(2)有限差分 Finite difference.

diff	—Difference and approximate derivative.
gradient	—Approximate gradient.
del2	—Discrete Laplacian.

10. 字符串操作 Character strings.

(1)常用命令 General.

char	—Create character array (string).
double	—Convert string to numeric character codes.
cellstr	—Create cell array of strings from character array.
blanks	—String of blanks.
deblank	—Remove trailing blanks.
eval	—Execute string with MATLAB expression.

(2)串操作 String operations.

strcat	—Concatenate strings.
strvcat	—Vertically concatenate strings.
strcmp	—Compare strings.
strncmp	—Compare first N characters of strings.
findstr	—Find shorter string pattern within longer string.
strfind	—Find second string pattern within first string.
upper	—Convert string to uppercase.
lower	—Convert string to lowercase.

(3)串与数值的转换 String to number conversion.

num2str	—Convert number to string.
int2str	—Convert integer to string.
str2double	—Convert string to double precision value.
str2num	—Convert string matrix to numeric array.
sprintf	—Write formatted data to string.
sscanf	—Read string under format control.

11. 优化工具箱 Optimization Toolbox.

(1)非线性优化函数 Nonlinear minimization of functions.

ffminbnd	—Scalar bounded nonlinear function minimization.
fmincon	—Multidimensional constrained nonlinear minimization.
fminsearch	—Multidimensional unconstrained nonlinear minimization, by Nelder-Mead direct search method.

(2)方程与方程组求解 Nonlinear zero finding (equation solving).

| fzero | —Scalar nonlinear zero finding. |
| fsolve | —Nonlinear system of equations solve (function solve). |

(3)线性规划与二次规划 Minimization of matrix problems.

linprog　　　　　—Linear programming.

quadprog　　　　—Quadratic programming.

12. 符号函数工具箱 Symbolic Math Toolbox.

(1)微积分 Calculus.

diff　　　　　　—Differentiate.

int　　　　　　—Integrate.

limit　　　　　—Limit.

taylor　　　　　—Taylor series.

(2) 线性代数 Linear Algebra.

diag　　　　　—Create or extract diagonals.

triu　　　　　—Upper triangle.

tril　　　　　—Lower triangle.

inv　　　　　—Matrix inverse.

det　　　　　—Determinant.

rank　　　　　—Rank.

rref　　　　　—Reduced row echelon form.

eig　　　　　—Eigenvalues and eigenvectors.

svd　　　　　—Singular values and singular vectors.

jordan　　　　—Jordan canonical (normal) form.

(3) 化简 Simplification.

simplify　　　—Simplify.

expand　　　　—Expand.

factor　　　　—Factor.

collect　　　　—Collect.

simple　　　　—Search for shortest form.

(4) 方程求解 Solution of Equations.

solve　　　　—Symbolic solution of algebraic equations.

dsolve　　　　—Symbolic solution of differential equations.

finverse　　　—Functional inverse.

compose　　　—Functional composition.

(5) 符号数值精度 Variable Precision Arithmetic.

vpa　　　　　—Variable precision arithmetic.

digits　　　　—Set variable precision accuracy.

（6）类型转换 Conversions.

double —Convert symbolic matrix to double.

char —Convert sym object to string.

（7）基本操作 Basic Operations.

sym —Create symbolic object.

syms —Short-cut for constructing symbolic objects.

pretty —Pretty print a symbolic expression.

（8）演示 Demonstrations.

symintro —Introduction to the Symbolic Toolbox.

symcalcdemo —Calculus demonstration.

symlindemo —Demonstrate symbolic linear algebra.

symvpademo —Demonstrate variable precision arithmetic

symrotdemo —Study plane rotations.

symeqndemo —Demonstrate symbolic equation solving.

附录 3

实验报告要求

实验问题求解完成之后,每个实验小组需要对实验过程中的问题求解分析、数学实验方法、实验步骤及程序设计等撰写一份实验报告,报告可以参照以下几方面进行填写。

一、实验问题

二、问题的分析(涉及的理论知识、数学建模与求解的方法等)

三、程序设计

四、问题求解结果与结论

五、问题的进一步拓展与实验

六、实验的总结与体会